수업 콘서트

수업 콘서트

: 사회과 학생참여형 수업과 과정중심평가 사례를 소개합니다

초판 1쇄 발행 2020년 11월 17일
초판 2쇄 발행 2022년 1월 11일

지은이 서태동

펴낸이 김선기
펴낸곳 (주)푸른길
출판등록 1996년 4월 12일 제16-1292호
주소 (08377) 서울시 구로구 디지털로 33길 48 대륭포스트타워 7차 1008호
전화 02-523-2907, 6942-9570-2
팩스 02-523-2951
이메일 purungilbook@naver.com
홈페이지 www.purungil.co.kr

ISBN 978-89-6291-882-3 93980

• 이 도서의 국립중앙도서관 출판시도서목록(CIP)은 서지정보유통지원시스템 홈페이지(http://seoji.
  nl.go.kr)와 국가자료공동목록시스템(http://www.nl.go.kr/kolisnet)에서 이용하실 수 있습니다.
  (CIP제어번호: CIP2020045548)

사회과 학생참여형 수업과
과정중심평가 사례를 소개합니다

푸른길

　내가 살고 있는 동네에 백년팥죽집이라는 작은 식당이 있고, 여름철에 그곳에 가면 계절 메뉴인 콩국수를 먹을 수 있습니다. 나는 백년팥죽집 할머니의 콩국수 레시피를 구해, 내가 집에서 맛있는 콩국수를 만들어 먹는 장면을 상상하곤 합니다. 어떤 날에는 내가 교실에서 학생들에게 지리를 요.리.해 서빙하는 장면을 상상하기도 합니다. 나의 지리 요리를 학생들이 맛있게 먹는 장면을 떠올리기만 해도 나는 행복해집니다.

　나의 상상은 가끔 악몽으로 변하기도 합니다. 김삿갓과 같은 복장을 하고, 나는 산을 넘고 강을 건너 맛있는 지리 요리를 한다는 선생님을 찾아갑니다. 첫 번째로 만난 지리 선생님에게 나는 간청합니다.

"저도 선생님과 같은 훌륭한 교육자가 되고 싶습니다. 선생님의 수업 요리 비법 하나 저에게 알려 주실 수 없겠습니까?"

"그건 곤란하오."

하고는, 첫 번째 선생님은 나에게 등을 돌리고 어디론가 사라져 버립니다. 나는 천 명의 선생님을 찾아가지만 모두 거절당하고, 나의 몸은 물거품으로 변해버리고 마는 끔찍한 악몽을 꿀 때도 있습니다.

　서태동 선생님께서 보내 주신 『수업 콘서트』 원고를 보고, 나는 깜짝 놀랐습니다. 수업 콘서트에는, 지리 수업 요리 비법들이 가득차 있었기 때문입니다.

　서태동 선생님의 지리 수업 요리 비법들이 전국의 지리 선생님들께 두루두루 전해지고, 한국의 수많은 학생들이 맛있는 지리 요리를 즐기고 있는 모습을 나는 상상해 봅니다. 우와! 패러글라이더를 타고 단양의 남한강 위를 날고 있는 것처럼 기분이 좋습니다.

서울대학교 지리교육과 교수 류재명

어느새 이름난 중견 지리 교사가 된 서태동 선생이 새로운 책을 내면서 내게 추천사를 부탁했다. 잠시 망설였다. 교사로 추천하는 것이라면 몰라도 책을 추천하는 것이 다소 부담스러웠다. 자칫 책을 위한 장식품으로 부탁하는 것은 아닐까 하는 생각도 들었다. 하지만 모처럼 요청하는 것이고, 한편으로는 제자의 부탁을 뿌리치는 것도 도의가 아니어서 지리를 위한 일이라 생각하고 내용을 보내달라고 했다.

책을 보고 나니 책이 주는 현장성의 가치와 노력, 그리고 지리에 대한 마인드가 추천할 만한 가치가 있다고 느껴졌다. 특히 나 자신도 예비 교사인 대학생들에게 지리에서 말하고, 쓰고, 듣고, 그리는 활동을 강조해 왔기 때문이다. 본문에서도 나왔듯이 국어과 장학사가 마치 말하고 쓰는 것이 국어과만의 영역인 것처럼 이해하는 것 자체가 교과 영역주의적 사고의 단면을 여실히 보여준 예이다. 말하고, 듣고, 쓰고, 그리는 것은 인간의 근원적 속성이다. 그간 지리는 이해 과목이 아니라 암기 과목이라는 인식의 덫에서 연유된 편견을 깨지 못하고 있다. 그것은 우리의 지리 교육이나 우리 자신들의 탓이기도 하다.

하지만 서태동 선생은 이 책에서 지리 교과와 지리 교사의 인식을 과감히 바꾸기 위해 지리를 재구성하고 있다. 바로 '지리하기(doing geography)'를 실천하고 있는 것이다. 나아가 교사의 잠재성과 다양성을 통해 행복한 지리를 보여 주는 사례를 몸소 체험하고 있다. 이왕 지리로 밥을 먹고 산다면 이렇게 해 보는 것이 자신의 행복을 가까이하는 것이 아닐까. 이 책이 이런 점에서 많은 지리 교사들에게 자극이 되고 함께 공유되었으면 한다. 그간 지리 교사들의 책이 심심치 않게 회자되는 것은 참으로 다행이다. 책을 쓴다는 것은 그만큼 자신의 지식이 내면화되었고 행동화된 단계에 이른 것이리라. 쉽지 않음 속에서도 자신의 수업과 실천 사례를 잘 엮어 내는 노력과 능력에 찬사를 보낸다. 나 역시 지리 교사들에게 어차피 평생 지리로 밥 먹고 살 것이라면, 끌려가거나 마지못해 하지 말고 적극적으로 뛰어들어 자신의 지리를 통해 행복해 보라고 주문하곤 한다. 이 책은 그런 실천을 보는 것 같다.

　이 책은 예비 지리 교사나 힘들어하는 지리 교사를 위한 '지리하기'와 행복의 실천서이다. 물론 이 책이 모든 것을 말하는 것도 아니고, 해답을 보여 주는 것도 아니다. 다만 지리에서의 진정한 열정과 몰입으로 학생과 교사 자신이 행복할 수 있다는 일면을 보여 주는 사례이면서 그 가능성을 볼 수 있다는 데 의미가 있는 것이다.

　사회과에서 지리는 아직도 소수자의 위치이다. 현란한 용어와 멋진 수식어들로 가득찬 교육학과 교과 교육학은 대학에서 많이 배우지만 사실 학교 현장이나 입시 현장에서는 꿈의 이론으로 구체화되기 어렵다. 현장에서는 많은 이론보다 지리 교육의 가치를 지향하고 그에 맞는 수업을 실천하는 행위가 더 중요하다.

　지리를 포함한 사회과와 같은 내용 교과는 국·영·수와 같은 도구 교과를 활용할 필요가 있다. 즉 도구가 말하지 못하는 내용의 도구성을 새롭게 터치할 필요가 있는 것이다. 본문에서도 언급한 다이아몬드 교수의 『총·균·쇠』에서 지리적 위치와 환경은 역사의 진보에 결정적임을 역설적으로 보여 주는 것처럼 새롭게 재구성하고 지리적으로 생각하도록 학생들을 바꿀 필요가 있다. 언젠가 그들 속에서 지리를 드러내고 필요로 하는 유명인이 나올 수 있기 때문이다.

한편 이 책을 통해 지리 교사와 인간으로서 학생들이 "인간답다는 것은 의미 있는 장소로 가득한 세상에서 산다는 것이고, 인간답다는 말은 곧 자신의 장소를 가지고 있으며, 그 장소를 잘 알고 있다"는 지리학자의 말을 함께 기억했으면 한다. 우리가 존재한다는 것은 허공에 있는 것이 아니라 어딘가를 딛고 있는 것 자체가 실존적으로 지리적 존재를 말하기 때문이다.

이제 지리는 경관이 아닌 풍경을 말하고, 보는 것이 아니라 그리는 것이고, 외우는 것이 아니라 시로 표현하는 공간성과 장소감을 통해 재구성될 필요가 있다. 이 책은 바로 이에 대한 출발선이다.

끝으로 학생 참여 활동은 학생만 하는 것이 아니라 지리 교사 자신도 지리를 향한 끊임없는 관심과 참여를 함께할 때 자연스러운 상호 소통적 활동이 이루어지리라 본다. 이 책은 바로 이런 이야기로 우리를 이끌어 간다. 지리 교사뿐만 아니라 모두가 읽어 볼 책으로 적극 추천하는 바이다.

전남대학교 지리교육과 교수 박철웅

8년 전 서태동 선생님이 대학원에 입학하면서 처음 만난 이래 지리와 교육에 대한 열정과 창의적인 발상, 학문과 지식에 대한 끝없는 갈망, 그리고 무엇보다도 지칠 줄 모르는 추진력에 감탄하면서, 지금까지 여러모로 도움도 많이 받으면서 그간의 활약상을 지켜보아 왔습니다. 대학원을 졸업한 후 이미 여러 권의 책을 출간했는데, 이번에 처음 추천사를 부탁해 왔습니다. 그만큼 저자에게는 각별한 의미가 있는 책입니다. 무엇보다도 이 책은 본인이 학교 현장에서 활동하면서 수확한 지혜들로 엮은 결실이라는 느낌을 받았습니다.

서태동 선생님에게 지리데이에 대하여 처음 들었을 때의 기억이 어렴풋이 떠오릅니다. 당시 저는 의아했습니다. 그런 행사를 한다고 해서 학생들의 성적이 올라갈까? 학생들이 지리를 재미있어할까? 교사만 힘들지 교육적 효과나 심리적 소득이 없는 행사를 왜 하는 것일까? 이렇게 생각을 하였습니다. 학교 현장에서 지리데이가 뜨거운 관심과 높은 호응을 얻으면서 여러 지역에서 많은 교사들에 의해 번창하고 있습니다. 그 모습을 보면서 입시 위주의 학교 분위기에서 홀대받는 교과의 교사들이 느끼는 울분과 소외감을 극복하기 위한 치열한 노력이라는 것을 이해하게 되었습니다. 서태동 선생님은 학생들의 편견과 학부모들의 몰이해 속에 국영수 편식으로 학생들의 인성이 사막화되어 가고 있는 우리 교육 현실에 저항하고 더 나은 세상을 향해 개척해 가기 위해 고군분투하고 있었던 것입니다.

이 책에는 이러한 서태동 선생님의 문제 의식이 담겨 있는 동시에 다른 책에서는 볼 수 없는 저자만의 교육적 처방들로 채워져 있기에 서태동 선생님의 영업 비밀을 공개하는 셈입니다. 기존의 지리교육학 책들이 유명 요리 강사들의 레시피처럼 현실과 동떨어진 원론적인 내용에 치우쳐 있는 반면 이 책은 마치 백종원의 요리 비법처럼 당장 교실에 적용하면 통할 수 있는 아이디어들로 채워져 있습니다. 저자가 자세하게 설명하는 대로 차근차근 이 비법들을 하나씩 배워 나가다 보면 어느새 수업 운영의 원리를 하나씩 체득하게 됩니다.

저자는 본래 지리를 전공하려고 하지 않았다고 하지만, 그처럼 노력한다면 얼마든지 지리적 안목이 탁월할 수 있고, 얼마든지 사려 깊고, 학생에 대한 열정으로 넘치고 교육에 헌신적인지 잘 보여 주는 모범입니다. 그를 보면 본래 지리 교사가 되고 싶어 하지 않았던 사람이 지리 교사가 된다고 할지라도 얼마든지 세상에 훌륭하게 기여할 수 있는지 알 수 있지 않습니까? 그런 점에서도 서태동 선생님이 존재하기에 세상이 더 밝다고 확신하며 이 한 권의 책을 추천합니다.

한국교원대학교 지리교육과 교수 권정화

"벌써 책이 끝났네!" 콘서트 현장에서 저자 직강을 듣듯이 한 장 한 장 넘기다 보니 어느새 맺음말에 닿아 있었습니다. 활기찬 수업 현장의 사진과 답사 장면, 톡톡 튀는 학생들의 작품을 보면서 콘서트장 옆 미술관을 함께 둘러보는 기분이었습니다. 읽는 내내 행복한 『수업 콘서트』입니다.

'어쩜, 아이들이 이렇게 빛날까요?'

서태동 선생님은 학생들을 빛나게 하는 수업을 펼칩니다. 진지TED, 지리데이, 지역 답사, 독서 연계 수업, 그리기한마당 등. 모든 활동의 출발은 '질문'입니다. 아이들은 질문하고 생각하고 표현하는 과정에서 자신의 가능성을 발견합니다. 아이들의 자존감을 높이는 수업 방법을 배우고 싶다면, 이 책에 담긴 저자의 오랜 고민과 실천을 들어보시길 바랍니다. 고개를 끄덕이며 많이 공감하고, 마음 따뜻한 미소가 번지고, 도전해 보고 싶은 용기가 생길 것입니다.

무엇보다 이 책은 동료, 후배 교사들에 대한 진한 애정이 묻어납니다. 저자는 나 혼자 앞서가는 선구자가 아니라 옆에서 함께 걸으며 어깨 토닥이는 친구의 모습을 하고 있습니다. 이 책의 구석구석에는 서로 배우고 가르치는 진정성 있는 교사들의 모습이 담겨 있습니다. 앎을 행동으로, 더 큰 나눔으로 이어가는 선생님들의 모습에서 우리 교육의 희망을 보게 됩니다.

이 열정적인 『수업 콘서트』가 전국 곳곳에서 열리면 좋겠습니다. 저마다 다른 색깔, 다른 향기, 다른 매력을 한껏 뽐내며 펼쳐지길 응원하고 소망합니다.

서울 성남고등학교 교사 윤신원

'지리 교사는 교육철학이 있어야 한다.'

전문가로서 지리 교사의 첫걸음은 '나는 왜 지리를 가르치고 학생들은 왜 지리를 배워야 하는 가?'에 대한 질문에 답을 할 수 있어야 한다는 것이다.

저자는 지리 수업을 잘하기 위해 수업 기술에 앞서 자신만의 철학 세우기를 강조한다. 그의 교육철학은 학생들이 자기 표현 역량을 함양하는 것이다. 그는 이러한 역량을 달성하기 위해 말하기, 글쓰기, 그리기 활동을 중심으로 독서, 미술, 진로, 창체 등과 연계된 다양한 지리 수업을 오랫동안 실천했고, 그 수업 노하우를 이 책에 담았다.

하지만 다른 교수학습방법론 서적들과 달리, 책장 너머 수업 현장의 생동감을 경험할 수 있도록 처음부터 끝까지 내러티브 서술 형식을 취했다. 마치 한 편의 콘서트처럼 서태동 선생님의 자기 표현 역량 함양 수업을 짜임새 있게 독자들에게 들려 준다. 그리고 각 장과 절마다 저자만의 깨알 같은 수업 노하우를 담았다. 또한 이 책은 최근 교사가 전문가로서 성장하기 위해 갖추어야 할 지식 기반으로 주목받고 있는 실천적 지식 논의와도 맞닿아 있다.

전문가로서 교사를 꿈꾸고 있다면, 그리고 교사로서 교실 수업의 변화를 이끌고 싶다면, 지리 교사 서태동의 실천적 지식이 생생하게 담겨 있는 『수업 콘서트』를 일독할 것을 권한다. 페이지 곳곳에서 울림과 설레임을 오롯이 느껴볼 수 있을 것이다.

경기 고잔고등학교 교사 김대훈

지리 교사들은 '지리'라는 과목을 학생들의 마음 속에 선명하게 인식시키고 싶은 바람이 있습니다. 아이들이 지리를 배우며 세상을 넓게 바라볼 수 있기를 바라고, 지리를 배우며 행복해지기를 바라지요. 그 바람을 이루고자 우리는 저마다의 교육철학을 바탕으로 교육 현장에서 발로 뛰는 중입니다. 저자 또한 '지리의 맛(Tastes of Geography)'을 알리기 위해 학교 현장에서 꾸준하게 실천해 온 열정적인 지리 교사로서, 자신의 경험과 노하우들을 이 책에 차곡차곡 모아 놓았습니다. 학생들이 지리를 왜 배워야 하는지, 지리는 진로를 탐색하는 데 어떤 도움을 주는지, 지리는 우리의 일상생활과 어떤 연관성이 있는지에 대한 고민을 진솔하게 녹여 내며 학교 현장에서 실천한 사례들을 중심으로 이야기를 풀어갑니다.

우리는 오늘도 내일도 수업을 고민하고 있습니다. 그리고 이론 중심의 건조한 내용보다는 교실 현장의 생생한 이야기를 듣고 당장 실천할 수 있는 용기를 얻고 싶습니다. 이 책이 더욱 소중하게 느껴지는 이유는 지리 교사의 실천 노하우와 진솔한 고민을 담은 책을 볼 수 있는 기회가 흔치 않기 때문입니다.

좋은 콘서트를 듣고 난 뒤에는 많은 감동과 여운이 있습니다. 저자의 콘서트를 듣고 난 뒤 감동과 여운을 받으며 많은 영감을 얻으셨으면 좋겠습니다. 지리 교육의 빛인 선생님들께서 '수업 콘서트'라는 프리즘을 통해 다채로운 색으로 지리 수업을 이끌어 나가시기를 소망합니다.

'최선을 다하는 지리 선생님' 부회장, 충북고등학교 교사 배동하

강의 없는 활동은 공허하고, 활동 없는 강의는 맹목적이다.

2020년. 어렸을 때 제가 보았던 만화가 생각납니다. 〈2020 우주의 원더키디〉. 디스토피아를 다룬 그 만화가 방영될 때마다 늘 기분이 좋지 않았습니다. 30여 년이 지나고 실제 2020년이 왔습니다. 2020년은 이전의 삶과 정말 많은 것들이 달라졌습니다. 바로 코로나-19 때문입니다. 학교 또한 많은 변화가 생겼습니다. 사상 처음 온라인 개학으로 학기가 시작되었고, 수업을 온라인으로 진행하게 되면서 저 또한 반강제로 유튜버로 데뷔하게 되었습니다. 많은 강의도 원격으로 대체되었습니다. 1정 연수를 비롯한 여러 강의를 원격으로 진행하게 되었습니다. 이전에도 우연한 기회에 많은 선생님들 앞에서 강의를 하게 되었습니다. 그때마다 강의 원고를 작성했습니다. 강의 주제도 참 다양했습니다. 강의 원고를 묶고, 고쳐 쓰고, 보완하여 이 책을 출판하게 되었습니다. 교통, 통신의 발달로 우리나라는 반나절 생활권이 되었고 비대면 강의도 가능해졌지만, 아무래도 먼 거리를 가기가 쉽지 않고, 비대면으로 강의할 때 선생님들과 함께 호흡하지 못해 안타까웠던 경험을 했습니다. 대면 강의가 아니더라도, 강의를 하는 것처럼 차분하게 이야기를 풀어내면 어떨까를 고민했고, 이 책을 써야겠다고 다짐했습니다. 아무래도 책으로 묶어 내면 전국의 많은 선생님이 수업, 창체 활동 등에 대한 아이디어를 얻는 데 도움이 되지 않을까 생각했습니다.

교사 서태동의 교육철학은 학생들의 자기표현능력을 길러 주는 것입니다. 자기표현능력을 길러 주기 위해 수업에서의 활동을 말하기 영역, 글쓰기 영역, 그리기 영역으로 구성합니다. 물론 필요에 따라 강의도 합니다. 강의야말로 전문가의 수준을 드러낼 수 있는 가장 효과적인 방법이기 때문입니다. TED나 세바시도 그렇지 않나요? 전문가인 교사는 강의와 활동을 어느 정도 수준으로 조정하느냐를 결정할 수 있습니다. 지금 교실에서 100% 강의로만, 또는 100% 활동으로만 구성하는 교사는 아마 없을 것입니다. 어떤 주제는 활동으로, 어떤 내용은 강의로 그 밸런스를 맞추어 수업을 구성해야 합니다. 혹시 활동을 너무 강조하는 수업을 본 적이 있나요? 저는 그런 수업을 볼 때마다 '저 수업을 하는 목적이 무엇일까?' 스스로에게 질문합니다. 강의와 활동은 늘 병행되어야 한다는 것이 제 소신입니다. 그래서 칸트의 명언을 오마주하여 다음과 같은 말을 만들어 보았습니다.

'강의 없는 활동은 공허하고, 활동 없는 강의는 맹목적이다.'

이 책은 학생참여형 수업 사례로 시작하여, 지리 동아리 활동, 독서 연계 수업, 그리기 수업, 지리 교사 전문성, 예비 교사들에게 드리는 글로 구성되어 있습니다. 그리고 '교실에서 실제로 써먹을 수 있는 놀라운 자료'를 해당 파트에 넣었고, 이를 줄여 '교실놀자'라고 이름 붙였습니다. 고등학교 지리 수업뿐만 아니라 중학교 사회 수업, 고등학교 통합사회 수업, 더 확장해 보면 사회과 선생님들과 수업을 하는 모든 사람에게 도움이 될 것이라고 생각합니다. 블로그에는 더 많은 자료가 담겨 있습니다. 해당 챕터의 끝자락에 제 블로그에 있는 자료를 손쉽게 볼 수 있도록 QR코드와 사이트 주소를 넣었습니다. 선생님들께서 좀 더 쉽게 자료에 접근하기 바라는 마음을 담았습니다.

저는 영화를 보든, 연수를 받든, 책을 읽든, 한 시간에 하나씩만이라도 얻는 것이 있다면 좋은 경험을 했다고 생각합니다. 선생님들께서 이 책을 읽으실 때에도 이러한 기대감을 가지고 책을 펼치셨으면 합니다. 선생님들과 책을 통해 만나지만, 정말 제가 앞에서 강의를 하고 있는 것처럼 생각하며 원고를 썼습니다. 그래서 이 책의 이름을 '수업 콘서트'라고 지었습니다.

선생님들께서는 연수에 가면 어디에 앉으시는지요? 맨 앞자리에 앉으시나요? 아니면 맨 뒷자리에 앉으시나요? 흔히 공연장, 콘서트장에 가면 맨 앞자리부터 채워 앉는데, 연수를 포함한 수업을 하게 되는 교실이나 강의실에서는 뒷자리부터 채워진다고 합니다. 편안한 마음으로 기대감을 낮추고, 공연을 본다는 마음으로 맨 앞자리로 와 주시면 좋겠습니다.

많은 선생님의 도움으로 제가 배우게 되었고, 이 책을 쓸 수 있었다고 생각합니다. 정말 중요한 것은 바로 '관계'입니다. 이 자리를 빌려 다시 한번 그분들께 감사의 말씀을 전하고 싶습니다.

정말 감사합니다.

빛고을 광주광역시에서, 2020.11.

서태동 올림

진지TED를 소개합니다 *19*

지리 창체 활동의 꽃, 지리데이 활동 *53*

지리 답사란? 질문이 있는 답사 *67*

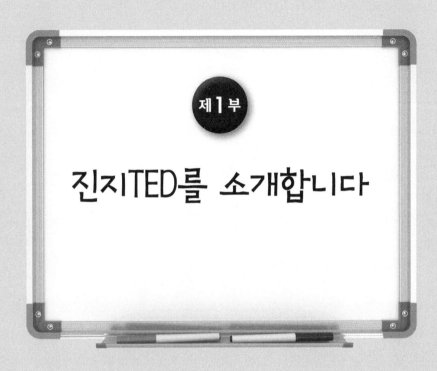

제1부

진지TED를 소개합니다

1. 진지TED를 소개합니다

현재 고등학생들은 중학교에서 자유학기제를 경험했지만, 이들 중 자유학기제를 의미 있게 보내지 못한 학생들도 있는 것 같습니다. 고등학교 1학년인데 진로가 없다고 말하더군요. 한편으로는 폭력적이라는 생각도 들었습니다. 이때는 자고 일어나면 꿈이 바뀔 때가 아닌가요?

저는 늘 고민합니다. 학생부 종합 전형이 확대되면서 어떻게 수업을 하고, 어떻게 기록을 해 주어야 할까 하고요. 그래서 저는 진로와 지리를 연계하는 수업을 구상했습니다. 그리고 3년 동안 진로와 지리가 연계된 학생 발표 수업, 이른바 '진지TED'를 운영했습니다.

학생들이 자신의 진로를 소중하게 여기면 좋겠다고 생각했고, 지리 교과의 특성을 살린 수업을 하고 싶었습니다. 학생들이 진지하게 자신의 꿈을 다루었으면 하는 바람과 지리 연계가 자연스럽게 이루어지길 바라는 마음으로 진지TED라고 이름을 붙였습니다. 학생참여형 수업을 진행하면서 저에게 교육철학이 있는지 자문해 보았습니다. 2015 개정교육과정이 시행된 첫해, 2015 개정교육과정에서 가장 강조하는 부분인 '역량'에 대해서도 고민하게 되었습니다. 교육과정에서 여러 좋은 역량을 제시하고 있지만, 저는 그중 제가 가장 잘할 수 있고, 학생들에게 꼭 길러 주고 싶은 역량 네 가지를 정했습니다. 바로 자기표현능력, 창의력, 대인 관계 능력, 공감 능력입니다. 그리고 실천해 나가고 있습니다. 제 수업을 통해 학생들이 이들 네 가지 역량을 함

양했으면 하는 바람입니다.

　이들 역량 가운데 가장 중요한 하나를 꼽으라면 자기표현능력입니다. 자기표현능력은 자신의 생각을 논리적으로 표현할 수 있는 힘을 뜻하며, 이는 말하기, 글쓰기, 그리기 등으로 표출될 수 있습니다. 자기표현능력에 가장 큰 영향을 주었던 방송 프로그램이 하나 있습니다. 『대통령의 글쓰기』라는 책의 저자인 강원국 씨가 2016년 11월 23일 JTBC《말하는 대로》에서 버스킹했던 영상입니다. 시간을 내서 꼭 한번 보시기 바랍니다. 우리가 글을 읽는 이유는 무엇일까요? 남의 이야기를 듣는 이유는 무엇일까요? 결국 내 생각을 만들기 위해서입니다. 즉 내 생각을 말로 표현하고, 글로 써 보기 위해서지요. 그러면서 자기 자신을 드러내는 것입니다. 저는 이 부분을 자기표현능력이라고 생각했습니다. 자신의 생각을 논리적으로 말하고, 글로 써서 표현하는 능력 말입니다. 그래서 저는 지리 수업 시간에 말하기와 글쓰기, 그리기를 많이 합니다(그리기는 지리데이 활동에서 자주 진행합니다.). 진지TED 발표는 학생들의 말하기 역량을 키워 주려는 데 목적이 있습니다. 그리고 글쓰기 능력은 지리 서평 쓰기와 지리 일기 쓰기 활동을 통해 기릅니다.

　학생들이 교과 수업 시간에도 진로에 대해 폭넓고 깊이 있게 탐구했으면 하는 바람이 있었습니다. 이때 지리 교과의 장점이 나옵니다. 세계지리는 세상의 거의 모든 것을 담고 있기 때문에 웬만하면 진로와 연계됩니다. 그렇게 진지TED를 시작하게 되었습니다.

TED라고 이름을 붙인 이유는 특별하지 않습니다. 테드[1]는 명사들이 자신의 이야기를 20분 내외로 강연하는 프로그램입니다. 그 프로그램에서 이름을 차용했습니다. 전문가가 자신이 정한 주제를 20분 이내로 강연하는 것처럼, 학생들도 자신이 정한 주제를 10분 내외로 친구들 앞에서 강연하게 하려는 의도입니다. 진지TED에서는 1시간에 4명 내외의 학생이 발표합니다. 해마다 1차 지필 평가가 끝난 이후 5월부터 한 달간 진행합니다.

2. 진지TED 수업 계획(강조 사항)

2018학년도에는 수업 오리엔테이션을 7차시 동안 진행했습니다. 제 수업의 의도와 방향을 충분히 설명했고, 이것이 학생들에게 녹아들기 바랐습니다. 효과가 있었는지는 의문입니다(3월의 학생들은 긴장해 있습니다. 무엇이든 잘 받아들일 것처럼 보이기도 합니다만 금세 잊어버립니다. 몰아서 오리엔테이션을 하기보다는 자주 언급을 하는 것이 더 효과적이라고 생각합니다.). 수업 계획서를 나누어 주고, 진지TED에 대한 설명도 진행했습니다. 개조식에 대해서도 설명을 했습니다. 그리고 발표 내용을 PPT로 구성할 때의 주의 사항을 안내했습니다. 이메일을 보낼 때에는 제목에 '학번과 이름, 주제' 등을 쓰게 했습니다.

수업 계획서는 총 16쪽이며 '학생들에게 바라는 선생님의 사항', '선생님의 수업 방향과 목표', '평가 계획', '수업 운영 계획', '개조식이란?', '이메일 보내는 법' 등으로 구성되어 있습니다. 또한 2017학년도에 진행했던 지리올림 책읽기 한마당(지리 서평 쓰기)을 운영해 본 후 학생들에게 바라는 점을 담은 "이런 서평 쓰지 말자"라는 글을 실었고, 지금까지 많은 발표와 수업을 하면서 쌓은 노하우를 담은 "지리 수업 시간에 통하는 학생들이 성장하는 발표법"이라는 글을 담

---

1) http://www.ted.com

았습니다.

이 중에서 발표법에 관한 글은 교실놀자1(35~46쪽)에서 보실 수 있습니다. 학생들에게 안내할 때 꼭 참고하셔서, 발표법과 발표할 때 유의 사항을 전해 주시면 좋겠습니다. 그리고 그 글과 함께 이메일 보내는 방법도 안내해 주시면 학생들이 나중에 대학에 가거나 사회에 나가서도 도움이 될 것이라 믿습니다.

가. 이메일 보내기

2016년 전임교에서 있었던 일입니다. 발표 자료를 미리 만들어 수업 전날까지 교사인 저에게 이메일을 보내라고 했습니다. 한 학생이 당황했습니다. 이유를 물어 보니 이메일 주소가 없다는 것이었습니다. 2016년 현재 대한민국 고3 학생이 이메일 주소가 없다는 사실에 굉장히 놀랐습니다.

2017년에 있었던 일입니다. 발표할 예정인 학생이 이메일을 보내지 않아, 그 학생을 불러 왜 이메일을 보내지 않는지 물었습니다. 이메일 보내는 방법을 모른다고 합니다. 그러면 자료는 어디에 보관하고 있느냐고 물었더니 자기 이메일에 있다고 합니다. '내게 쓰기'는 할 줄 아는 학생이 '다른 사람에게 보내기'는 할 줄 몰랐다는 사실에 다시금 놀랐습니다.

우리 학생들은 앞으로 자신보다 윗사람에게 이메일을 보낼 일이 참 많을 것입니다. 이메일 보내는 방법부터 가르쳐야겠다고 결심했습니다. 2016년 전남대학교 지리교육과 학부 강의를 할 때에도 이메일 제목과 첨부 파일의 이름 쓰는 법을 설명해 주었습니다. 고등학생 때 이런 부분이 습관화된다면 대학에 진학하고, 사회에 나갔을 때 이런 실수는 하지 않을 것이라고 생각합니다. 항상 이메일을 받는 사람 입장에서 편하려면 어떻게 메일을 보내야 할까를 고민합니다. 학생들은 대부분 보내는 사람의 입장이지 받는 사람 입장이 아니기 때문이지요. 어쩌면 이런 사소한 배려심부터 가르치는 것이 교육의 시작 아닐까요?

> • 이메일 제목에 학번과 이름, 주제를 기재할 것. 예) 2101 서태동
> • 첨부 파일에 학번과 이름, 파일명을 함께 기재할 것. 예) 2101 서태동_국가별로 특징적인 춤
> • PPT를 보낼 때에는 폰트와 동영상을 함께 첨부해서 보낼 것.
> • 쓸 말이 없더라도, 내용에 한 줄 정도는 선생님께 하고 싶은 말을 쓸 것.

나. 영상은 다운로드 받아 오기

발표를 위해서는 항상 필요한 영상을 미리 다운로드 받아 와야 합니다. 발표장에서는 인터넷에 연결되지 않을 수도 있으므로 유튜브 영상을 쓰게 되면 더욱 더 그래야 합니다. 하지만 될 수 있으면 유튜브는 그대로 옮겨오지 않았으면 합니다. 유튜브는 영상 시작 전에 5초 동안 광고가 나와 집중된 분위기를 흐트려 놓습니다. 또한 유튜브 내용 자체가 신빙성에 의문이 가는 부분도 많기 때문입니다. 진정성 있는 발표를 위해서는 발표자 자신이 연구(단행본, 논문 등을 통한 지식 습득)한 내용을 UCC 형식으로 만드는 노력이 필요합니다. 자신의 진로를 위한 발표라면 해당 진로 주제에 대해 폭넓게 공부하고, 그에 대한 결과물을 만드는 노력 정도는 해야 하지 않을까요?

저는 세계지리 1단원 수업이 끝난 후 학생들에게 진지TED를 다시 한번 공지했습니다. 그때 학생들에게 안내했던 PPT 화면은 그림 1-1과 같습니다.

그림 1-1 진지TED 수행평가 안내 PPT 화면

지리는 허브 교과입니다. 세계지리 교과서에서는 세상의 거의 모든 것을 담고 있습니다. 지도, 지형, 기후, 음식, 문화, 산업, 분쟁, 환경 문제 등을 다룹니다. 세계지리 수업 특성상 1단원은 지리학 기초 내용으로 도입 단원이라고 한다면, 2단원부터는 본격적인 지리의 정수(精髓)에 들어갑니다. 본격적인 지리의 정수를 맛보기 전 학생들에게 지리의 주요 주제와 친해질 수 있는 기회를 주고 싶었습니다. 교사의 개괄적인 설명이 효과적일 수도 있겠지만, 자신이 직접 고른 주제를 친구들에게 소개한다면 훨씬 더 의미 있게 와닿는 수업이 될 것이라고 생각했습니다. 학생들이 선택한 주제를 탐구하면서 해당 단원을 공부할 때 선행조직자(advanced organizer) 역할을 할 수 있을 것이라는 믿음이 있었습니다.

3. 진지TED 수업의 실제

2018년 5월 1일부터 6월 4일까지 진지TED에서 139명이 발표했습니다(2학년 문과 학생 153명 중 미발표 학생 14명 – 남 6명, 여 5명, 도움실 3명). 학생들이 발표한 내용은 교과세특(과목별 세부 능력 및 특기 사항)에 전부 기재할 계획이었으므로 저는 학생들이 진로에 맞춘 주제를 선정할 수 있도록 독려했습니다. 해당 주제를 학생들이 선정해 오더라도 교육과정과 교과 특성에 맞지 않을 때에는 첨삭 지도를 했습니다. 예를 들어 경찰관이 되기를 희망하는 학생이 '검경 수사권 확대'라는 주제를 정해 왔을 때에는 '미국의 총기 규제'라는 주제로 변경하도록 했습니다. 출판사에서 일하는 편집자를 진로로 희망하는 학생이 '우리나라와 미국의 출판 과정 비교'라는 주제를 정했을 때, 미국과 우리나라 출판 과정이 유사해 차이점은 없다고 생각된다고 하여 '세계의 유명한 도서관'으로 주제를 변경하도록 했습니다.

인상적인 발표 사례를 몇 가지 살펴보겠습니다. 첫 발표에서 호텔리어를 꿈꾸는 학생이 세계의 유명한 호텔에 대해 잘 정리해서 발표했습니다. 지도교사의 의도대로 개조식에 맞추어 발표문을 잘 작성했고, 원고를 읽지 않고 모두 외워 발표하는 등 진정성 있게 발표했습니다.

레크리에이션 강사를 지망하는 학생은 세계지리 개념송을 만들어, 직접 부르고 영상까지 제

1학기 세계지리 진지TED 발표 주제 및 순서

반	번호	이름	발표 주제	발표 순서
8	1		우리나라와 미국의 의료 제도의 차이	05월 01일
8	2		각 나라의 역사적 장소가 된 배경과 이유	05월 14일
8	3		(수정 필요)경찰 수사권 확대	05월 02일
8	4		(수정 필요)서비스 산업의 변화	05월 14일
8	5		(구체화 필요)한국과 미국 경제에 대해	05월 02일
8	6		보로호 속 동물에 대해	05월 16일
8	7		국가별 축구에 대해서	05월 15일
8	8		세계의 유명한 호텔	05월 01일
8	9		(주제 선정)	05월 16일
8	10		통번역이 발달한 나라	05월 21일
8	11		범죄가 잘 일어나는 특징	05월 09일
8	12		(진로 연관성)다양한 환경문제	05월 09일
8	13		(발표 가능?)K뷰티 화장품을 데이터 및 성장율	05월 02일
8	14		(주제 제할?)성악하면 떠오르는 국가, 독일	05월 08일
8	15		국경없는 의사회	05월 09일
8	16		여러 나라 대통령	05월 08일
8	17		(진로 연관성?)자연 재해와 주민 생활	05월 14일
8	18		말 용과 함께하는 스위스 여행	05월 01일
8	19		20대 세계 여행 도전기	05월 08일
8	20		커피의 상품사슬	05월 08일
8	21		여러나라의 음식	05월 01일
8	22		우리나라와 영국 교육 비교	05월 02일
8	23		세계 각국에서 일어난 영토 분쟁	05월 09일
8	24		국가별 대표적인 스포츠	05월 21일
8	25		우리나라와 미국의 교육 비교	05월 21일
8	26		(발표 가능?)우리나라, 미국의 출판 과정 비교	05월 02일
8	27		(진로 연관성?)민족 분어 분포의 특징	05월 21일
8	28		세계 여러 나라의 대표곡	05월 14일
8	29		기후에 따른 질별 유형	05월 09일
8	30		빈이 왜 음악의 도시가 되었나	05월 15일
8	31		발상과 표현(환경) 디자인	05월 21일
8	32		(발표 가능?)미국, 한국의 간호사 근무환경 비교	05월 15일
8	33		건조 기후 지역의 주민 생활과 인구 변화	05월 15일
8	34		(진로 연관성?)인구 문제와 인구 정책	05월 16일
8	35		세계 여러나라의 화장법	05월 01일
8	36		각 나라의 칵테일 음료	05월 16일
8	37		세계사 칵테일	05월 15일
8	38		공정 무역은 꼭 해야 하는가?	05월 08일
8	39		(구체화 필요)몇 나라의 초등 교육	05월 16일
8	40		(구체화 필요)나라별 의료에 관하여	05월 14일

그림 1-2 세계지리 진지TED 발표 주제 및 첨삭 지도

검경 수사권 확대

→ 미국의 총기 규제

성악 하면 떠오르는 국가, 독일

→ 성악 하면 떠오르는 국가, 이탈리아

우리나라, 미국의 출판 과정 비교

→ 세계의 유명 도서관

몇 나라의 초등 교육

→ 한국, 미국, 일본의 초등 교육 공통점과 차이점

그림 1-3 호텔리어를 꿈꾸는 학생의 발표 모습과 발표문

작했습니다.[2)]

웹툰 작가를 꿈꾸는 학생도 여럿 있었습니다. 웹툰에서 실제 장소를 어떻게 만화의 배경으로 만드는지를 소개했습니다. 자신이 직접 찍은 사진을 웹툰 배경으로 만드는 사진 리터칭 방법을 친구들에게 알려 주었습니다.

열대 기후 지역과 건조 기후 지역의 주민 생활을 순정 만화 형식을 빌어 소개한 〈열대남 건조남〉이라는 작품도 있었고, 등장 인물로 자신을 그려 〈건조 기후 지역의 주민 생활〉을 소개하는 작품을 낸 학생도 있었습니다.

네일아티스트를 꿈꾸는 학생은 우리나라 지도, 무궁화, 태극기, 제주도 지도, 돌하르방 캐릭터를 작품으로 제출했습니다. 직접 네일아트 작업을 하는 모습을 동영상으로 담아 제출하는 열정을 보여 주었습니다.

작가를 꿈꾸는 학생도 여럿 있었습니다. 방송 작가를 꿈꾸는 한 학생은 〈배틀 트립〉 프로그램에서 영감을 얻어 '매칭 트립'이라는 프로그램 구성을 제안했습니다. '매칭 트립'은 '어울리다'라는 뜻의 매칭과 '여행'을 뜻하는 트립의 합성어로, 어울릴 수 있는 여행, 외국인과 한국인 모두가 즐길 수 있는 여행을 지향하는 방향으로 기획했습니다. 방송 구성은 다음과 같이 이루어집니다. 각 팀은 외국인 1명과 한국인 1명으로 구성합니다. 총 두 팀을 뽑아 팀원들의 나라를 여행하며 다른 나라에서 벌어지는 에피소드를 통해 각 나라 문화의 공통점과 차이점 등을 공유하는 프로그램이라고 합니다.

시나리오 작가를 꿈꾸는 학생은 직접 시나리오를 쓰고, 반 친구들을 배우로 출연시켜 제작한 UCC를 제출했습니다. 제목은 '꿈꾸는 날'이었고, 대략적인 줄거리는 다음과 같습니다. 할머니 집으로 이사를 간 한 소녀가 답답함을 못 이기고 주변 숲 탐험을 나섭니다. 그곳에서 곰을 만나 어려움을 겪게 되는데, 요정이 나타나 구해 주면서 요정과 소녀는 친구가 된다는 내용입니다. '스콜'이나 인간의 욕심으로 인해 환경이 파괴되어 가는 모습 등 지리적 내용을 담고 있습니다. 가장 인상적인 대사는 "넌 내 소중한 것과 꼭 닮아 있어. 세찬 비를 그치게 할 만큼, 몰아치는 바람을 멈추게 할 만큼"이었습니다.

2019학년도에는 5월 13일부터 진지TED 발표를 진행했습니다. 세계지리 수업은 2단위(주당

---

2) QR코드로 접속이 어려우신 분들을 위해 사이트를 남깁니다. 제 블로그(http://blog.naver.com/coolstd)에 접속하여 검색창에 '개념송'을 검색해도 되고, 바로 https://blog.naver.com/coolstd/2212 78808116을 주소창에 입력해도 됩니다.

그림 1-4 세계지리 개념송　　**그림 1-5** 지도 네일아트

그림 1-6 웹툰 작가를 꿈꾸는 학생의 진지TED 발표 자료

그림 1-7 지리 웹툰 〈열대남, 건조남〉

그림 1-8 지리 웹툰 〈건조 기후 지역의 주민 생활〉

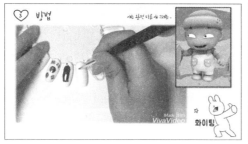
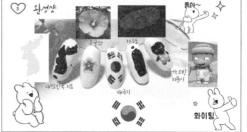

그림 1-9 네일 아티스트를 꿈꾸는 학생의 진지TED 발표 자료

S#2. 할머니 집/거실.낮

다운 (달려오며) 어마마마! 이 소녀 심심하옵니다. (그것이 알고 싶다 말투로) 그런데
    말입니다. 저는 저 멀리 잠시 여행을 떠나도 되는 것일까요
엄마 (다운의 머리를 꿍 때리며) 제발 좀 가만히 있어! 또 저기 나무에 올라가다 떨어
    져서 울고불고 하면서 오지 말고!
다운 (엄마를 째려보며) 아니 그 때는! 처음 이사 온 기념으로 엄마가 올라가 봐도 된
    다고 그랬잖아..
엄마 (다운을 노려보며) 엄마는 너가 그 옆에 작은 나무에 올라갈 줄 알았지..
다운 아니 암튼 나 너무 심심해.
엄마 안된다고 했다. 말 들어. 몸도 성치 않은 애가..
다운 아니 언제적 얘기를 아직도 꺼내.. 나 이게 다 나았다니까?
    그러니까 나..(창문 너머에 있는 숲을 가리키며) 저기 좀 다녀오면 안돼..?

어미 잃은 새끼의 울음소리도 듣지 않아

그림 1-10 시나리오 작가를 꿈꾸는 학생의 시나리오 일부와 직접 제작한 UCC 장면

2시간)이기 때문에, 전년도 3단위일 때보다 마음이 조급해졌습니다. 그래도 학생들의 진로를 교과와 연계하기 위해 이 수업을 다시 구성했습니다. 과제형 평가를 지양하라는 다른 교육청의 의견을 수용하여 수업 시간에 발표 자료를 만들려고 했습니다. 일부 반에서는 그렇게 진행했습니다. 2학년 남학생은 이동 수업으로 44명이 수업합니다. PPT를 만들어 발표하게 되면 시간이 지나치게 많이 걸릴 것 같아 수업 시간에 발표 자료를 제작하고 발표를 진행했습니다. 그런데 발표 질이 훨씬 떨어졌습니다. 수업 시간에 4절지를 양면으로 쓰게 해서 그런 것인지, 인원이 44명이어서 그런 것인지 알 수 없지만요. PPT를 만들어 와 발표하게 되면 과제형 평가일까요? 발표만 평가하면 과제형일까요? 참 알다가도 모를 일입니다.

　과제형 평가를 금지하는 교육부의 지침도 이해할 만합니다. 첫째, 기존의 수행평가가 엄마 수행평가처럼 되기 때문인 것이죠. 학교 안에서 수업 시간 내에 수행평가를 진행하지 않으면, 외부의 그 누군가의 도움으로 진행될 수 있기 때문에 공정성이 떨어집니다. 둘째, 학생들의 고부담 때문입니다. 1차 지필 평가와 2차 지필 평가 사이의 시간 동안 학생들은 수행평가를 하느라 많은 시간을 보내게 됩니다.

　그러나 수업 시간에 수행 평가를 진행하려면 수업을 위한 토대가 필요합니다. 혹시 학교에 1인 1노트북을 지급할 수 있나요? 아니면 1인 1크롬북, 또는 1인 1태블릿이라도 가능한가요? 물론 이러한 토대가 있는 학교들도 있습니다. 하지만 그렇지 못한 일반고에서 그 학교와 경쟁하려면 준비할 수 있는 아이템은 '색연필과 사인펜' 뿐이라는 점도 기억해 주셨으면 좋겠습니다.

　한편 여학생 반에서는 동일하게 PPT로 발표하게 했습니다. 그리고 올해는 꼭 자신의 진로와 관련된 단행본을 참고해서 자료를 구성하라고 했습니다. 각각의 학생들은 발표 후 지도교사의

그림 1-11 수업 시간에 진지TED 자료를 만들고 발표하는 학생들

코멘트를 듣고, 진지TED 프레임을 작성해서 제출합니다. 진지TED 프레임은 발표 주제, 주제 선정 이유, 자료 조사 및 방법과 출처, 발표 과정에 대한 성찰, 진지TED 발표 후 반성 등을 담고 있습니다. 발표 준비를 좀 더 체계적으로 하고, 발표만 하고 끝나기보다는 스스로 되돌아보는 것이 무엇보다 중요하다고 생각했습니다. 학생들의 발표 중 교사가 계속해서 메모를 해도 발표 의도를 정확하게 파악하지 못하는 경우도 있습니다. 진지TED 프레임은 교사의 학생부 교과세 특 기재에도 도움이 됩니다.

2018학년도 상무고등학교 2학년 세계지리 1학기 진지TED 프레임

(빽빽하고, 성실하게 작성하면 선생님이 교과세특을 작성할 때 큰 도움이 됩니다!)

학번		이름		날짜	5/14
발표 주제	공간에 의한 심리 (개인 공간심리)			**진로 희망**	상담심리사

주제 선정 이유	공간과 관련된 심리분야를 알아보다가 공간 심리라는 분야가 있다는 것을 알게 되었고, 그 중에서도 개인공간이라는 분야가 흥미로워 선정하게 되었다
자료 조사 방법 및 출처	정보: 네이버 블로그 동영상: EBS 퍼스널 스페이스

진지 발표 준비 와 발표 과정	**발표 요약**	(발표 내용을 3줄로 요약하시오) 개인공간은 개인이 주어진 환경에서 다른 사람으로부터 유지하는 선호거리를 뜻하고, 친밀한 공간, 개인구역, 사회적인 구역, 공적인 구역으로 구분되며 잠재적인 정서적, 물리적 위협에 대한 완충제로 제공함으로써 고유기능을 가진다. 과밀/스트레스, 자극, 행동제한이론등이 있다.
	강조점	(발표 시 강조점) 개인공간은 4가지의 구체적인 거리로 나누어지고, 단순한 거리가 아닌 마음의 거리인것을 강조한다.
	어려움 해결 방안	(발표과정에서 느꼈던 어려움을 해결했던 방법) 발표해야 할 내용이 이해하기 힘들 것 같은 내용은 발표자(나)가 이해할수 있는 청중이 되도록 선에서 까지만 설명을 해주는 식으로 해결하였다
진지 발표 후 반성	**장점**	(내 발표에서 이런 점은 좋았다) 큰 목소리 톤으로 말한점이 좋았던 것 같다
	아쉬 었던 점	(내 발표에서 이런 점은 아쉬웠다) 너무 대본을 보고 읽은 것 같은 점이 아쉬웠고, 영상도 2분을 넘어가서 아쉬웠다
	추후 반성 계획	(앞으로 더 알아보고 싶은 점(관련해서 읽어보고 싶은 책 등)) ① 사방팔방 지식특강 ② 디스턴스 中 제2장 무의식을 움직이는 공간의 심리학 ③ 나의 장소 이야기 - IV 장소에 관한 논리와 해석의 구체화 공간심리 : 에드워드 홀 - 1) 친밀한거리 : 46cm 이하 2) 개인적인 거리 : 46cm~122cm 4) 공적인거리 : 366cm 3) 사회적인 거리 : 122cm~366cm ~762cm
	느낀 점	(발표 준비와 발표 과정에서 느낀 점) 개인공간의 구분이 다양하다는 것을 알게 되었고, 자기만의 기준으로 다른 사람의 공간이 침범하지 않도록 주의해야겠다고 생각했다.
	자기 평가	상 □ 중 ☑ 하 □ (☑로 표시하세요)

2018학년도 상무고등학교 2학년 세계지리 1학기 진지TED 프레임

(빽빽하고, 성실하게 작성하면 선생님이 교과세특을 작성할 때 큰 도움이 됩니다!)

학번			이름			날짜	
발표 주제						진로 희망	
주제 선정 이유							
자료 조사 방법 및 출처							
진지 발표 준비 와 발표 과정	발표 요약						
	강조점						
	어려움 해결 방안						
진지 발표 후 반성	장점						
	아쉬웠던 점						
	추후 반성 계획						
	느낀 점						
	자기 평가	상 □ 중 □ 하□ (☑로 표시하세요)					

4. 맺음말

　교사는 의사처럼 학생들이 먹기 싫어하는 약을 처방해 주어야 할 때도 있습니다. 모든 학생이 적극적으로 참여하는 것은 어려운 일이지만, 교사는 경계에 서 있는 학생들에게 교육적 의도를 충분히 설명하고 설득해야 합니다. 이를 위해 교사는 자신의 탄탄한 교육철학이 있어야 하고, 단련을 통해 교사로서 자신의 자아(自我)를 만들어 나가야 합니다. 『어린 왕자』라는 유명한 소설에 있는 제가 좋아하는 구절을 소개합니다. 어느 날 사막 여우와 어린 왕자가 대화를 합니다. 어린 왕자의 별에는 장미꽃이 있습니다. 어린 왕자는 장미꽃을 소중하게 대합니다. 사막 여우는 말합니다. "네 장미꽃을 그렇게 소중하게 만든 것은 그 꽃을 위해 네가 들인 시간이란다." 이 수업은 학생들이 자신의 진로를 어린 왕자의 장미꽃처럼 소중하게 여겼으면 하는 바람으로 기획했습니다. 학생들이 이 수업을 통해 자신의 진로를 진지하게 고민하고, 자료 수집 및 분석, 조직, 발표하는 힘을 길렀으면 합니다. 마지막으로 이를 통해 제가 생각하는 자기표현능력을 학생들이 꼭 함양하기 바랍니다.[3]

그림 1-12 진지TED 소개 블로그

---

3) QR코드로 접속이 어려우신 분들을 위해 사이트를 남깁니다. 제 블로그(http://blog.naver.com/coolstd)에 접속하여 검색창에 '진지TED'를 검색해도 되고, 바로 https://blog.naver.com/coolstd/221306056750을 주소창에 입력해도 됩니다.

5. 고민거리

　어떤 발표든 교사를 감동시키고, 힘이 나게 하는 학생들이 있습니다. 그러나 교사의 바람에도 불구하고, 일부 학생들은 교사를 더욱 고민하게 만듭니다.

① 학생들이 여느 발표처럼 그냥 때우기 식으로 하려고 한다.

② 각 반마다 발표 주제가 다르기 때문에 지필 평가와 연계시키기 어렵다.

③ 항상 미리 준비하라고 안내함에도 불구하고 준비는 당장 닥쳐야 시작한다.

④ 진로에 대한 희망이 없는 학생들의 발표와 기록

지리 수업 시간에 통하는 학생들이 성장하는 발표법

Ⅰ. Before Presentation

1. 발표에 임하는 자세

2. 10분 법칙

3. 아이디어 구상

4. 문제나 의문을 제기하라(핵심 질문).

5. 발표 수준

Ⅱ. Presenting

1. 무대 위에서는 존댓말을 사용하라.

2. 목소리와 발음 그리고 스피드

3. 글은 적게, 그림과 사진은 크게

4. 지명이 등장할 때에는(지역 명칭 혹은 국가)

5. 숫자에 옷을 입혀라.

6. 3의 법칙

7. 듣는 사람의 배경 지식에 맞는 비유로 설명하기

8. 원고를 보지 않고 말하기

9. 동영상을 사용할 때

10. 직접 찍은 사진과 동영상을 쓸 때

11. 발표 마지막에는

12. 발표 준비가 끝났다고 느낄 때

Ⅲ. After Presentation

Ⅳ. 참고 문헌

I. Before Presentation - 발표 구상 단계

1. 발표에 임하는 자세

1) 열정

여느 발표처럼 이 시간을 때우고 넘어가겠다고 생각하는 순간부터 발표를 보는 사람은 물론이고 자기 자신도 감동시킬 수 없다. 이미 진다고 생각하고 하는 야구 경기를 재미있게 보아 줄 사람은 그 어디에도 없다.

"하는 일에 엄청난 열정이 없으면 살아남지 못합니다. 아마도 중간에 포기하고 말 겁니다. 열정을 가지고 아이디어나 바로잡을 문제 또는 오류를 찾아야 합니다. 그렇지 않으면 끝까지 버틸 끈기를 얻을 수 없습니다. 저는 거기서 성패의 절반이 결정된다고 봅니다."[1]

2) 배려

'청중은 어떻게 보고 들을까?'에 대하여 항상 고민해야 한다. 프레젠테이션을 계획할 때 항상 자신이 아닌 청중에게 초점을 맞추어야 한다는 사실을 명심해야 한다. 청중은 '내가 왜 관심을 가져야 하지?'라는 의문을 갖는다.[2]

PPT, 핸드아웃(프린트물, 요약문)을 만들 때부터, 이메일을 보낼 때에도 보는 사람이나 받는 사람이 어떠할지를 먼저 생각한다. A4 용지 1쪽 이내의 유인물을 만든다고 하면, 혹시 2쪽으로 커서가 넘어가지는 않았는지 꼭 확인하자. 작성자는 한 명이지만, 이 유인물을 인쇄하는 사람에게는 30매, 40매의 흰 종이가 프린터를 통해 나올 수 있다는 사실을 꼭 기억하자.

2. 10분 법칙

일반적으로 청중은 10분 동안은 주의를 집중할 수 있다. 그렇다. 11분이 아니라 10분이다. 이 귀한 정보는 최근 인지 기능에 대한 연구에서 나왔다. 간단히 말해 우리의 두뇌는 10분을 넘기면 지루함을 느끼게 된다. 뇌과학자 존 메디나에 따르면, "뇌는 문화와 유전자의 영향을 받는 지

---

[1] 카마인 갈로 저, 김태훈 역, 2010, 스티브 잡스 프레젠테이션의 비밀, 랜덤하우스, 126쪽.
[2] 같은 책 46쪽.

속 시간별 반응 패턴을 따른다"고 한다. 메디나는 관찰과 실험을 통해 10분 법칙을 확인했다. 그는 학기마다 학생들에게 평균 정도의 관심을 가진 수업에서 어느 정도 시간이 지나면 시계를 보게 되는지 물었다. 그 대답은 한결같이 10분이었다.[3]

3. 아이디어 구상

1) 컴퓨터는 나중에, 처음에는 종이와 펜으로

초기 단계에서는 종이와 펜으로 대강의 아이디어를 정리하면 프레젠테이션 프로그램에서 바로 정리할 때보다 분명하고 창조적인 내용을 얻을 수 있다. 프레젠테이션 프로그램을 열기 전에 구상하는 시간을 충분히 가져라.[4] 생각을 하고, 메모를 한 후 숙성시켜라.

2) 프레젠테이션 준비의 3단계

스토리 보드 쓰기 → 그리기 → 만들기[5]

3) 첫 시작은 선정 동기로, 마무리는 삶의 연결로

① 처음에 주제 발표에 대한 이유 말하기(선정 동기)

나는 _____ 한 이유로 이 발표 주제를 정했습니다.

나는 _____ 한 이유로 이 동아리에 들어왔습니다.

나는 _____ 한 이유로 이 방과후수업에 들어왔습니다.

② 발표 마지막 부분에는 내 삶과 연결시켜(연관지어) 말하기 혹은 쓰기

"나는 이런 문제를 해결하기 위해 앞으로 ~ 노력을 하겠다"와 같은 무난하고 착한 결말로 끝내는 것이 아니라, 솔직한 자신의 생각을 쓰거나 말하고, 자신의 현재 처지에서 책임질 수 있는 다짐만 말하거나 써 보라.[6]

③ 끝나면 자기 평가(소감)를 하고, 그 이유를 말하기 혹은 쓰기

---

3) 카마인 갈로 저, 김태훈 역, 2010, 스티브 잡스 프레젠테이션의 비밀, 랜덤하우스, 128쪽.

4) 같은 책 27, 41쪽.

5) 같은 책 29쪽.

6) 송승훈 외, 2014, 함께 읽기는 힘이 세다, 서해문집, 92쪽.

4. 문제나 의문을 제기하라(핵심 질문).

가장 중요한 의문에 답을 제시하는 데 중점을 두어라.[7] 질문하는 힘이 가장 중요하다. 동양에 공자가 있을 때, 서양에는 소크라테스가 있었다. 공자는 주로 질문을 받는 사람이었고, 소크라테스는 주로 질문을 하는 사람이었다. 그 둘에게는 질문이라는 공통점이 있다.[8]

5. 발표 수준

- 1단계 발표 수준: 헛자료 넣지 말기, 지도와 사진은 청중이 충분히 볼 수 있도록 여유 시간 주기
- 2단계 발표 수준: 참고 문헌 달기, 출처 밝히기

II. Presenting – 발표 중에는

1. 무대 위에서는 존댓말을 사용하라.

발표자의 나이가 청중의 나이를 모두 합친 것보다 적다면 반드시 존댓말을 사용하라. 단, '저희'라는 말은 절대 쓰지 않는다. '저희' 나라, '저희' 가족은 없다! '우리'만 있다!

> '저희 나라'는 우리나라를 낮추어 말하는 것이다. 어떤 사람은 개인이나 국제 관계에서 이렇게 얘기할 수 있는 상황이 있지 않느냐고 가정해 보기도 하지만 이런 경우는 있을 수 없다. 서양에서는 높임말과 낮춤말이 없으므로 '저희' 같은 표현이 있지도 않으며, 그런 관념조차 없다.
> 국가는 대등한 관계이므로 자기 나라를 낮추어 얘기할 필요가 없으며, 한국 문화와 언어를 아는 외국인에게도 굳이 '저희 나라'라고 말할 이유가 없다.
> '우리나라'는 우리 한민족이 세운 나라를 스스로 이르는 말로, '우리나라 선수', '우리나라 사람', '우리나라 풍속' 등과 같이 쓰인다. '우리나라'를 '저희 나라'라고 낮추어 부르는 일이 없도록 주의해야 한다.[9]

---

7) 카마인 갈로 저, 김태훈 역, 2010, 스티브 잡스 프레젠테이션의 비밀, 랜덤하우스, 52쪽.
8) 송승훈 외, 2014, 함께 읽는 힘이 세다, 서해문집, 143쪽에서 재인용.
9) 배상복, 2017, 문장기술, MBC씨앤아이, 206, 207쪽.

2. 목소리와 발음 그리고 스피드

1) 목소리: 뒤에 앉아 있는 청중도 들을 수 있도록 크게 말한다. 한 톤으로 일정하게 말하면 졸리다. 중요한 부분에서는 강조가 필요하다. 즉, 목소리에 강약이 있어야 한다.

2) 발음: 입을 크게 벌리고 또박또박 말해야 한다.

3) 스피드: 앞에 나가서 말을 하면 누구나 긴장한다. 마음 속으로 '천천히, 천천히'를 외친 후 차분하게 발표를 진행한다.

3. 글은 적게, 그림과 사진은 크게

1) 단순하게 구성하라: 레오나르도 다빈치는 "단순함은 궁극의 정교함"이라고 말했다. 슬라이드는 단순하게 구성하라.[10] PPT는 키워드와 사진 위주로 구성하라. 폰트는 2개 이상 사용하지 않으며 색깔도 3개 이상 사용하지 않는다.

잡스식 단어 사용의 세 가지 특징

1) 단순성: 전문 용어와 긴 단어를 쓰지 않는다.
2) 명확성: 길고 추상적으로 설명하지 않고, 간결하고 구체적으로 설명한다.
3) 감정 표현: 감정을 드러내는 형용사를 많이 쓴다.

프레젠테이션 디자인 구성의 4원칙[11]

1) 멀티미디어 표현 원칙: 글과 그림, 그리고 동영상
2) 근접성 원칙: 특정 정보 옆에 관련된 그림이 위치
3) 주의 분할 원칙: 귀로 듣는 말은 눈으로 읽는 글보다 훨씬 강한 영향력을 미친다.
4) 일관성 원칙: 멀티미디어로 설명할 때 핵심과 관계없는 글과 그림은 가능한 줄여라. 일관된 정보로 구성된 짧은 프레젠테이션이 인지학습이론의 원칙에 보다 충실한 것이다. 불필요하거나 무관한 정보를 더하면 오히려 정보 수용을 방해할 뿐이다.

---

10) 카마인 갈로 저, 김태훈 역, 2010, 스티브 잡스 프레젠테이션의 비밀, 랜덤하우스, 134, 154쪽.
11) 같은 책 144쪽.

2) 한 슬라이드에 잡다한 내용을 넣는 것은 프레젠터가 게으르기 때문이다 – 낸시 듀아테[12]

> 슬라이드는 보조적인 역할을 한다. 프레젠터가 중요한 내용을 말할 때 스크린에 너무 많은 단어가 보이고, 말하는 단어와 스크린의 단어가 일치하지 않으면 청중은 동시에 두 가지를 받아들이는 데 어려움을 겪는다. 즉 장황한 슬라이드는 청중의 주의를 분산시킨다. 반면 단순한 슬라이드는 청중이 프레젠터에게 집중하게 만든다.[13]

3) 사람을 낚을 수 있는 헤드라인을 만들자: 내용을 쭉 정리하자. 문단으로 나누어 보자. 키워드만 남기고 없애자. 그리고 남은 것들로 헤드라인을 만들자.

> **책에서의 사례**[14]
>
> 2001년 애플은 역대 최고의 제품 헤드라인을 만들었다. 린더카니에 따르면 잡스는 직접 1세대 아이팟의 헤드라인을 정했다. 물론 잡스는 다음과 같이 아이팟을 소개할 수도 있었을 것이다.
>
> 오늘 우리는 무게가 0.18kg에 불과하면서도 5GB의 저장 용량에 그 유명한 애플의 편의성까지 겸비한 새 휴대용 MP3 플레이어를 소개합니다.
>
> 하지만 잡스는 그렇게 하지 않았다. 그가 선택한 헤드라인은 다음과 같았다.
>
> 아이팟, 1,000곡의 노래를 호주머니에

4) **그림 우월성 효과**: 뇌는 글자를 작은 그림으로 인식하기 때문에 정보를 전달할 때에는 글자보다 그림이 훨씬 큰 효과를 발휘한다.[15] 존 메디나는 "특정한 정보를 기억시키는 힘과 관련하여 글이나 소리는 그림보다 훨씬 비효율적이다. 실험 결과 말로 전달한 정보는 72시간 후 약 10%만 기억에 남은 반면 그림을 추가했을 경우 그 비율은 65%로 상승했다"고 말했다.[16]

---

12) 카마인 갈로 저, 김태훈 역, 2010, 스티브 잡스 프레젠테이션의 비밀, 랜덤하우스, 135쪽.

13) 같은 책 142쪽.

14) 같은 책 79쪽.

15) 같은 책 148쪽.

16) John Medina, 2008, Brain Rules, Pear Press, p.234

5) PPT 템플릿에 크게 신경 쓰지 말자: 템플릿보다 내용에 집중하자. 화려한 이미지를 활용한 슬라이드 바탕은 내용 집중을 방해한다. 바탕 색깔은 검은색으로 하고 그 위에 사용되는 본문 글자는 흰색으로 하는 것이 좋다(강조는 노란색 등). 슬라이드를 인쇄물로 출력할 때에는 반대로 바탕을 흰색, 글자는 검은색으로 바꾸는 것이 좋다.[17] (최신 버전의 PPT에서는 자동으로 변환된다.)

6) 자신감이 필요하다: 글 대신 사진으로 아이디어를 전달하려면 자신감이 필요하다. 슬라이드에만 의존할 수 없어서 메시지를 숙지해야 하기 때문이다. 잡스가 일반적인 프레젠터들과 다른 점이 거기에 있다. 잡스는 메시지를 충분히 숙지한 뒤, 자신감을 갖고 아이디어를 단순하고 명확하게 전달하였다.[18]

4. 지명이 등장할 때에는(지역 명칭 혹은 국가)

1) 큰 그림 보기: 두뇌는 큰 그림부터 본다. "세부 사항부터 시작하지 마라. 핵심적인 아이디어부터 제시한 다음 중요도에 따라 세부 사항을 나열하라."[19] PPT 구성의 흐름도 그렇지만, 해당 지역과 국가 명칭이 나왔을 때에도 그렇게 인식하게 된다.

2) 스케일 링키지(scale linkage) → 줌인 & 줌아웃(zoom in & zoom out)[20]: 해당 지역에 대해 설명할 때에는 지도에 위치 표시, 그리고 스케일 링키지를 써야 한다. 스마트폰에서 사진을 확대하거나, 축소할 때처럼 사진을 캡처, 캡처, 캡처해서 표시해 주어야 한다.
예시) 세계지도 → 대륙 → 나라 → 지역
안 좋은 예시) 방글라데시는 인도 사이에 있다. 딱 그 사이에 있는 모습의 지도만 보여 줌
좋은 구체적 예시) 세계지도 → 유럽 대륙 → 이탈리아 반도 → 나폴리 → 나폴리 옆 폼페이

---

17) 김현섭, 2017, 철학이 살아있는 수업기술, 수업디자인연구소, 307쪽.
18) 카마인 갈로 저, 김태훈 역, 2010, 스티브 잡스 프레젠테이션의 비밀, 랜덤하우스, 152쪽.
19) 같은 책 109쪽.
20) 스케일 링키지에 대한 자세한 설명은 서태동, 하경환, 이나리 저, 2018, 지리 창문을 열면, 푸른길, 140-145쪽을 참고하면 더욱 도움이 될 것입니다.

5. 숫자에 옷을 입혀라[21]

1) 그냥 숫자는 무의미함: 일반인들에게 숫자 자체는 아무런 의미를 주지 못한다. 그래서 숫자에 구체적이고 생활과 밀접하며 상황에 맞는 의미를 부여한다.

> **책에서의 사례** – 숫자에 구체적이고 생활과 밀접하며 상황에 맞는 의미
>
> ① 30GB
> ② 노래 7,500곡, 사진 2만 5천 장, 동영상 75시간을 저장할 수 있는 용량
>
> 이처럼 잡스의 설명은 구체적이고 노래와 사진, 그리고 동영상처럼 생활과 밀접한 요소를 다루며, 청중이 가장 관심을 갖는 부분을 강조한다.

2) 면적이나 인구 등에 대해 발표할 때 단위는 우리 기준으로 환산하기

① 광주광역시 인구와 비슷, 우리나라 면적과 비슷 등. 멋진 도서관의 장서 수가 130만 권이라면, 우리 학교 도서관이 1만 권 정도 규모라면 우리 학교 도서관 130개라고 말하기, 광주광역시 인구가 약 150만 명 정도니까 한 사람에 1권씩 책을 들 수 있는 규모 정도라고 말하기

② 약 27,000명이라고 말하면 확 와닿지 않으므로, '광주-기아 챔피언스필드'를 가득 채운 인원 정도라고 언급해 주면 광주광역시 사람들이 더 쉽게 이해할 수 있음.

멕시코의 면적을 한반도의 약 9배 크기로, 멕시코시티의 높이를 남한에서 가장 높은 산인 한라산(1,947m)과 비교하여 설명하면 보는 사람, 듣는 사람이 훨씬 이해하기 쉬움.

---

21) 카마인 갈로 저, 김태훈 역, 2010, 스티브 잡스 프레젠테이션의 비밀, 랜덤하우스, 155쪽.

수업 콘서트

3) 숫자에 옷을 입혀라 예시

① 필리핀은 7,100여 개의 섬으로 이루어져 있다. 7,100개라고 말하면 잘 와닿지 않는다. 하루에 1개 섬에 방문한다고 가정했을 때, 20년을 매일같이 방문해야 전부 갈 수 있을 정도로 많은 섬이다.

> 우주의 역사를 1년으로 생각한다면?
>
> 다큐멘터리 〈코스모스〉에 따르면, 과학자들이 추정하는 우주의 나이는 180억 년이라고 한다. 이 거대한 시간은 도대체 상상이 가지 않는다. 그래서 다큐멘터리 해설자인 타이슨 소장은 우주의 나이를 1년의 시간으로 압축해서 설명해 주었다. 180억 년을 1년으로 가정하는 것이다. 그러면 하루가 4천만 년에 해당한다. 우주의 역사를 1년 달력으로 만들면 1월 1일에 빅뱅이 일어난다. 태양계는 8월 31일이 되어서야 만들어진다. 9월 21일에 되면 지구에 원시 생명체가 탄생한다. 그리고 12월 28일이 되어서야 지구에 최초의 꽃이 피어난다. 그렇다면 인간은 언제 나타났을까? 12월 31일 23시에 최초의 인류가 등장한다. 우주의 역사를 1년으로 치면 인간의 역사는 고작 1시간 남짓이다. 그리고 23시 59분 46초에 문자가 나타난다. 우주적 관점에서 보면 지금까지 기록된 모든 역사는 불과 14초 동안에 벌어진 것이다. 그리고 12월 31일이 끝나기 5초 전에 예수가 탄생하면서 서기가 시작된다. 우리의 인생을 우주의 1년 달력으로 환산하면 80년을 산다고 했을 때 대략 0.2초이다. 우주의 역사를 80년 달력으로 환산한다고 해도 16초에 불과하다.[22]

② 나라의 면적이나 인구 수를 말할 때에는 미리 숫자를 인지하고 있어야 한다. 앞에 나와서 '일 십백천만 십만 백만 천만' 이렇게 세고 있으면 정말 준비를 안 한 것처럼 보인다.

6. 3의 법칙

3은 마법의 숫자이다. 영화, 소설, 연극 그리고 프레젠테이션도 3부 구조로 구성된다.[23] 삼총사도 3명이고, 곰도 세 마리다.

→ 발표에서도 첫째, 둘째, 셋째로 정리할 것

→ 독서 토론에서 활용법 – 이 책을 읽고 던지고 싶은 질문 세 가지 써 보기

---

22) 문요한 저, 2016, 여행하는 인간, 해냄, 254, 255쪽.
23) 카마인 갈로 저, 김태훈 역, 2010, 스티브 잡스 프레젠테이션의 비밀, 랜덤하우스, 85쪽.

7. 듣는 사람의 배경 지식에 맞는 비유로 설명하기

뇌는 기존에 가지고 있는 것을 배경 지식으로 삼아 사고한다. 적절한 비교 대상이 있으면 지속적으로 언급하라. 많이 반복할수록 고객들은 더 잘 기억할 것이다. 청중은 제품을 특정한 범주에 넣는다. 즉 머릿속에 있는 상자에 정리하는 것이다. 에모리대학의 심리학 교수 그레고리 번스에 따르면 "뇌는 최소한의 에너지를 사용하려는 경향이 있다."고 한다.[24]

8. 원고를 보지 않고 말하기

1) **원고를 버려라**: 원고를 보지 말고 말하라. 내용을 완벽하게 소화하여 자신의 이야기를 하라 (재구성, 의미, 가치). 원고를 손에 쥐게 되면 저절로 눈이 원고로 갈 수 밖에 없다. 절대 원고를 보지 말고 발표하라. 따라서 PPT 화면의 주요 키워드를 보면서 내가 하고 싶은 말을 하라.

2) **내 말로 발표하기**: 청중은 머리를 많이 써야 하는 프레젠테이션에 흥미를 잃는다. 상대가 쉽게 이해할 수 있도록 전문 용어를 배제한 쉬운 내용으로 청중이 귀 기울여야 할 이유를 설명해야 효과적으로 설득할 수 있다.[25] 청중들의 수준을 중학교 1학년 혹은 초등학교 3학년 등으로 구체적으로 정해 주는 것이 중요하다. 광고회사에서는 시청자를 중학교 수준으로 상정하고 광고를 제작한다고 한다. 그 분야의 전문가가 아니라면 청중들은 발표 내용을 듣자마자 바로 이해하지 못한다. 책에 나오는 어려운 단어와 문장을 그대로 읽는 것은 발표자 본인도 완벽하게 이해하지 못했다는 것을 방증한다. 그러므로 청중의 수준을 낮게 상정하고 발표하게 되면 반드시 보다 쉬운 말, 청중의 눈높이에 맞는 말로 할 수밖에 없다. 이렇게 말을 바꿔서 본인의 말로 하는 행위가 '꺼내는 교육'의 과정이다. 책에 있는 문장을 '다시 말하면', '무슨 말이냐 하면', '예를 들면', '쉽게 말하면' 등으로 자신만의 언어로 다시 표현해 보라는 주문을 학생들에게 반드시 지속적으로 해야 한다.[26] → 나의 말로 정리해라. 나의 말로 발표해라. 그러려면 내용을 스스로 완벽하게 소화해야 한다. 내가 소화하지 못하고 입 밖에 내뱉으면 듣는 사람은 갸우뚱할 수밖에 없다. 스티브 잡스도 쉬운 말로 발표한다![27]

---

24) 카마인 갈로 저, 김태훈 역, 2010, 스티브 잡스 프레젠테이션의 비밀, 랜덤하우스, 176쪽.
25) 같은 책 47, 49쪽.
26) 이혜정, 2014, 서울대에서는 누가 A+를 받는가, 다산에듀, 348, 349쪽.
27) 카마인 갈로 저, 김태훈 역, 2010, 스티브 잡스 프레젠테이션의 비밀, 랜덤하우스, 262쪽.

9. 동영상을 사용할 때

1) 영상을 활용할 때에는 유튜브에서 미리 다운로드를 받아야 한다(인터넷이 안 될 환경 고려).

2) 발표할 때 유튜브에 연결하면 광고가 나와 흐름이 끊긴다.

3) 노트북의 영상을 어떻게 화면으로 송출할지도 미리 알아 두어야 발표할 때 당황하지 않는다.

4) 발표 전에 미리 연습해 보는 것이 중요하다(음향 체크는 필수!).

5) 동영상 화면 전환이 어려울 수 있으니 차라리 다운로드 받아서 PPT에 넣는다.

> 동영상을 적극 활용하되 분량은 2~3분을 넘지 않도록 하라. 유튜브에 올라온 동영상의 평균 분량은 2.5분이라는 사실을 명심하라. 갈수록 사람들의 주의력이 지속되는 시간이 짧아지고 있다. 동영상은 청중의 이목을 집중시키는 좋은 방법이지만 너무 길어서도 안 된다.[28]

6) 동영상이 반드시 필요한지 다시 한번 생각해 보라. 발표를 듣는 사람들의 이해를 높이려고 동영상을 넣은 것인지, 그냥 재미로 넣은 것인지, 아니면 시간을 때우려고 넣은 것인지 꼭 생각해 보라.

10. 직접 찍은 사진과 동영상을 쓸 때

직접 찍은 사진과 동영상을 발표에 넣으면 상대를 효과적으로 설득할 수 있다. 경험이 밑천이다. 사진은 화면에 가득 들어가게 크게 넣고, 사진 제목 정도만 우측 하단에 넣는다. 외국 동영상의 경우 자막을 꼭 넣도록 한다. 우리나라 동영상일지라도 자막을 넣어 주면 청중에 대한 배려가 돋보일 수 있다.

또한 고객들의 증언을 프레젠테이션에 활용하라. 단지 말한 내용을 인용하는 데 그치지 말고 녹음이나 녹화를 해서 확실하게 노출시켜라.[29] 영상을 발표에 넣을 때에는 공신력 있는 자료를 참고로 넣어야 한다. 특정인이 만든 유튜브 사용은 지양하고, 차라리 본인이 만들어라.

11. 발표 마지막에는

발표의 마지막에는 퀴즈로 정리한다. 퀴즈가 있다는 사실을 발표 시작할 때 언급해 주면 발표

28) 카마인 갈로 저, 김태훈 역, 2010, 스티브 잡스 프레젠테이션의 비밀, 랜덤하우스, 38쪽.
29) 같은 책 37쪽.

내내 친구들의 주의를 집중시킬 수 있다. 눈으로 볼 수 있는 보상 수단, 예를 들면 사탕이나 과자 등을 준비하면 효과적이다.

12. 발표 준비가 끝났다고 느낄 때

발표를 준비하고 원고를 반드시(!) 한번 소리 내서(꼭 소리 내서!) 읽기 → 빈틈이 나온다.

Ⅲ. After Presentation - 발표 후

청중의 상상력을 자극하는 것은 슬라이드가 아니라 이야기라는 사실을 명심하라.[30]

"사람들은 당신이 한 말과 행동을 잊을 것이다. 그러나 당신이 느끼게 만든 감정은 잊지 않을 것이다." - 마야 안젤루(Maya Angelou)

학생들은 교사가 한 말과 행동을 잊을 것이다. 그러나 교사가 느끼게 만든 감정은 잊지 않을 것이다.

---

30) 카마인 갈로 저, 김태훈 역, 2010, 스티브 잡스 프레젠테이션의 비밀, 랜덤하우스, 28쪽.

진지 TED 주제 나눔

진지TED 수업을 처음 시작할 때, 어떤 주제를 학생들에게 제시해야 할 지 고민이 많이 되시죠? 학생들이 교과서를 보고 자신의 진로에 맞춰 꼼꼼하게 찾아보게 했지만, 주제를 못 찾는 학생들이 있습니다. 아직 진로를 결정하지 못한 학생들은 흥미 있는 주제를 발표하게끔 하고요. 혹시 지금 정리된 주제 중 참고할 만한 내용이 있다면 추천해 주시지요.

순번	진로 희망	발표 주제
1	CEO	기후 마케팅
2	CEO	스타벅스의 경영 전략
3	VFX아티스트	지리티콘 제작기
4	가수	대한민국의 음악에 영향을 준 세계 여러나라
5	간호사	한국과 호주의 간호사 차이점
6	간호사	우리나라와 미국의 의료 보험의 차이
7	간호사	국경없는 의사회
8	간호사	기후에 따른 질병 유형
9	간호사	캥거루 케어
10	간호사	세계 희귀한 질병
11	간호사	여러 바이러스의 이동 경로
12	간호사	감염병의 세계화
13	검찰	세계 여러 나라의 재미있는 법
14	게임기획자	게임 속 배경이 되는 지리
15	경영 계열	GM군산 공장 폐쇄와 다국적 기업
16	경영 분야	지역의 특성에 따른 관광 마케팅
17	경제경영계열	다국적 기업의 두 얼굴
18	경제경영계열	글로벌 환경과 리스크 분석에 따른 한국의 전략
19	경제경영계열	다국적 기업의 해외 진출

20	경제경영계열	다국적 기업의 공간적 분업
21	경찰	세계에서 가장 치안이 안전한 나라
22	경찰	중국 불법 어선과 우리나라 해경
23	경찰	셉티드(환경 설계를 통한 범죄예방)
24	경찰	지리적 프로파일링
25	경찰	세계에서 가장 치안이 안 좋은 나라
26	경찰	세계 여러나라의 경찰차
27	경찰	범죄수사의 지리 활용법
28	경찰	OECD 국가 범죄 순위
29	경찰	세계 치안 순위와 그 이유
30	경찰	세계의 충격적인 테러 사건
31	경찰	미국의 총기 규제
32	경찰	깨진 창문 이론 학교에 적용해보기
33	경찰	모사드
34	공무원	생태도시(꾸리치바, 프라이부르크) 연구
35	관광 계열	지역 브랜드 제작
36	광고디자이너	기발한 해외 광고 디자인
37	교사	우리나라와 영국 교육과정 비교
38	교사	우리나라와 미국의 교육 비교
39	교사	일본과 우리나라의 학생 스타일 비교
40	교사	국제 학업 성취도 평가
41	교사	세계 여러 나라의 다양한 교육방식
42	교사	덴마크의 행복은 교육에서 나온다
43	교육계열	각 나라별 독특한 교육 방식
44	군인	각 나라별 특전사 비교
45	군인	나라별 특수부대
46	군인	세계의 여군
47	기아야구단 프론트	지역성과 관련된 스포츠 팀 명칭 조사
48	네일 아티스트	지도 네일아트하기
49	노인복지사	노인 복지 제도
50	노인복지사	세계 각 나라의 노인 복지 제도
51	대통령	여러 나라 대통령
52	동물 관련 직업	기후나 지역에 따른 동물과 나라
53	동물 관련 직업	몇몇 나라의 동물 보호 센터 특성

54	동물 관련 직업	각 기후에서 나타나는 동물들의 특징
55	동물 관련(애니멀 커뮤니케이터)	일상 생활에서 보는 반려동물의 지리
56	드라마 작가	지리를 배경으로 하는 시나리오 쓰기
57	디자이너	발상과 표현(환경) 디자인
58	디자이너	국가별 식기 디자인
59	디자이너	나라별 패션 명품 브랜드
60	레크레이션 강사	세계지리 송 만들기
61	메이크업 아티스트	동양과 서양의 메이크업 차이
62	메이크업 아티스트	한국과 일본의 메이크업
63	메이크업 아티스트	K뷰티 화장품 수출 데이터 및 성장률
64	목사	세계의 주요 종교
65	무대 디자이너	지리적 특색을 살린 무대 디자인
66	무역사	다국적 기업의 현지화 전략
67	바리스타	커피의 상품사슬
68	방송 작가	지리 방송 제작
69	방송 작가	드라마나 예능에 나타나는 나라의 계절별 기후
70	번역가	일본에서는 왜 번역가가 대우받는가?
71	변호사	각 나라별 이색적인 법
72	보석 세공사	다이아몬드와 드비어스
73	비행기 조종사	나라별 국적기 비교
74	사회복지사	북유럽 국가들의 복지 현황
75	사회복지사	덴마크를 통해 사회 복지를 알아보자
76	성악가	성악의 본토국, 이탈리아
77	성악가	빈이 왜 음악의 도시가 되었나
78	세프(요리사)	음식 만들기
79	소설가	지리 소설 쓰기
80	스타일리스트	스타일링의 지역 특성
81	스튜어드	각 항공사별 남성 승무원 현황
82	승무원	20대 세계 여행 도전기
83	승무원	미래 승무원이 말해주는 항공사 이야기
84	승무원	전세계 메이저 항공사
85	승무원	비행기 속 종교 지리 탐구
86	시각 디자이너	세계 여러 나라 중 유명한 시각디자인 작품
87	심리상담사	세계 여러 나라 심리학자

88	심리상담사	상무고 주변 동네 인지지도 비교 분석
89	심리상담사	개인 공간 심리
90	심리상담사	상담의 직무환경에서의 위험 요소
91	심리학자	칼 융과 함께하는 스위스 여행
92	심리학자	슈필라움
93	안무가	세계 전통 춤의 특징
94	안무가	와킹의 유래
95	안무가	스트릿 댄스 힙합
96	애니메이션 작가	애니메이션과 함께하는 세계 기후와 문화
97	언론 관련 직종	영국과 미국의 대표적인 언론사
98	여행상품개발자	세계의 랜드마크
99	여행상품개발자	짠내 투어를 이용한 관광가이드
100	역사교사	국가 간의 영토 분쟁
101	역사교사	전쟁에서의 지리 활용법
102	역사교사	세계를 바꾼 상품 이야기
103	역사교사	나일강의 범람과 이집트 문명의 성쇠
104	예술 계열	세계 각국의 예술의 도시
105	요리사	중국 각 지역 음식 비교
106	웹툰 작가	웹툰에 나오는 지리적 배경
107	웹툰 작가	지리 웹툰
108	웹툰 작가	건조 기후 지역의 주민 생활 변화 웹툰
109	웹툰 작가	지의리 정상회담
110	유치원 교사	어린이들이 지리를 배워야 하는 이유
111	유치원 교사	나라별 아이들의 장래희망
112	유튜버(크레에이터)	지리를 소재로 한 크레에이티브 컨텐츠
113	음악 계열	세계 여러 나라의 대표곡
114	음악 계열	비발디 사계
115	음악 계열	세계 유명한 작곡가들에 대해
116	음악가	세계의 이색적인 악기들
117	인테리어 디자이너	지리적 특색에 따른 세계 가옥 경관 비교
118	일본 관련 전문가	일본 여행지
119	일본 관련 전문가	일본 여행의 관광지
120	작가	세계의 여성 인권 운동
121	중국 계열	중국의 지리적 특성에 따른 음식 문화

122	중등 교사	미국과 한국의 중등교육 차이점
123	철도청	세계의 고속철도
124	체육 계열	테니스 4대 메이저 대회
125	체육 계열	국가별 축구에 대해서
126	체육 계열	지리와 관련된 스포츠팀과 마스코트의 유래
127	체육 계열	나라마다 가장 인기있는 스포츠
128	체육 교사	K리그와 분데스리가의 차이
129	체육 교사	배드민턴 잘하는 나라와 이유
130	체육 교사	세계에서 야구가 발달한 나라와 이유
131	체육 교사	지리와 관련된 세계의 여러 대회
132	체육 교사	축구 엠블럼에 대하여
133	체육 교사	스페인 라리가와 잉글랜드 프리미어리그
134	체육 교사	축구 종주국은 왜 영국일까?
135	체육 교사	계절별에 따른 스포츠와 레저 스포츠 여행지
136	체육 교사	각 국별 발달한 스포츠와 이유
137	체육 교사	국가별 전통적인 스포츠
138	초등 교사	다른나라의 초등교육 비교
139	초등 교사	세계의 교육제도
140	초등 교사	미국과 호주의 초등교육
141	초등 교사	한국과 핀란드 교육 비교
142	출판 관련 직종	세계의 멋진 도서관 소개
143	치위생사	우리나라와 일본 사람 치아 차이의 자연적, 문화적 접근
144	카피라이터	지리를 활용한 광고들
145	특수 교사	미국과 한국의 특수 교육의 차이점
146	특수직업	특수 직업이 대접 받는 나라
147	패션 디자이너	동양의 전통 의상
148	패션 에디터	서양의 전통 의상
149	폐기물 처리기사	나라별 신재생에너지(폐기물)
150	포토그래퍼	세계에서 가장 아름다운 곳
151	포토그래퍼	세계에서 가장 사진찍기 좋은 장소 top10
152	프로그래머	기후 학습 프로그램 제작
153	플레어 바텐더	세계사 칵테일
154	항공 승무원	세계적인 승무원의 세계적인 비행
155	헤어 디자이너	헤어 스타일의 종류

156	호텔리어	세계의 유명한 호텔
157	호텔리어	지리적으로 호텔을 잘 지은 곳
158	화장품 사업가	각 나라별 특색있는 화장법
159	회계사	한국과 미국 세금 제도 비교
160	회계사	공정 무역은 꼭 해야 하는가?
161	회계사	다국적 기업 – 양날의 검

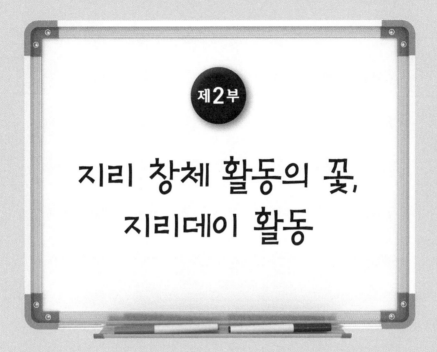

제2부

지리 창체 활동의 꽃, 지리데이 활동

1. 도입

전국지리교사모임(http://cafe.daum.net/geoteachernet, http://geoteacher.net/, 이하 전지모)에서는 2015년 5월부터 매달 21일을 지리데이로 정했고, 각 학교에서 지리데이가 되면 다양한 지리 관련 활동을 합니다. 지리데이는 당시 전지모 사무국장인 조해수 선생님이 제안했습니다. 지리데이를 다른 날이 아닌 매달 21일로 정한 이유는 '지리'라는 글자를 흘려쓰면 숫자 '2121'과 유사하기 때문입니다. 각 교과마다 ○○데이가 있거나, 교과 관련 행사가 있는 날이 많습니다. 국어과에서는 한글날(10월 9일)이 있고, 과학과에서는 과학의 날(4월 21일)이 있습니다. 그러면 지리 교과의 날, 지리의 날은 언제일까요? 친한 선배 교사와 지리데이가 7월 2일이면 어떨지 이야기를 나눈 적이 있습니다. 7월 2일로 제안한 이유는 '지리'를 발음했을 때 숫자 '72'와 유사하기 때문입니다. 하지만 중고등학교의 학사 일정상 7월 2일은 1학기 2차 지필 평가(기말고사)와 겹치기 때문에 현실적으로 운영하기는 쉽지 않았습니다.

저는 2017년 3월에 상무고등학교로 옮겨왔습니다. 상무고등학교에서는 지리 교사가 티오감되어, 2017학년도에는 혼자 근무했습니다. 전임교에서는 지리 교사가 3명이어서 지리에 대한 위기 의식을 덜 느꼈지만, 지리 교사 혼자 근무하는 이 학교에서 지리 교과의 존재감을 보여 주고, 학생들의 지리에 대한 관심과 흥미도를 높이기 위하여 3월부터 12월까지 매달 지리데이를 지리 동아리 학생들과 함께 운영했습니다. 이번 장에서는 상무고등학교에서 지난 2년간(2017~

2018학년도) 진행한 지리데이 운영 사례를 소개하고자 합니다. 이를 통해 이 책을 읽으시는 여러 선생님들과 함께 지리데이의 확산과 운영을 함께 고민했으면 하는 마음입니다.

2. 지리데이의 궁극적 효과

지리데이를 통해서 궁극적으로 얻고자 하는 효과는 무엇일까요? 무엇보다 학생들이 지리에 대해 흥미를 갖게 하는 것입니다. 학생들이 주도적으로 지리데이를 운영하게 되면 '지리데이에는 어떠한 활동을 해야 할까?' 스스로에게 이런 질문을 하고 생각하다 보면 궁극적으로 이러한 질문은 '지리란 무엇일까?'에 도달하게 됩니다. 자연스럽게 지리에 관심을 가지게 되고, 선택 과목에서도 한국지리, 세계지리, 여행지리를 선택하는 경우가 늘 것입니다. 그러면 어떻게 의미 있는 지리데이 활동을 구성할까요?

지리데이는 지리하기(doing geography)를 통한 학생들의 역량 강화를 중요한 목적으로 합니다. 세계 지도 그리기, 한국 지도 그리기, 오직 하나뿐인 지도 만들기, 지도 프레임, 지리 사진 찍기, 지리적 표시제, 독도 관련 활동, 행복한 장소 찾기, 류재명 교수님이 제시하신 '지금 이 순간 내가 숨 쉬고 있는 장소와 함께 혹은 가까이에 있어 감사한 것을 찾아 소개하기', '지금 나의 도움이 필요한 생명체가 어디에 있는지 알리는 영상 만들기' 등의 활동을 할 수 있습니다.[1] 학생들이 이러한 활동을 기획하고 운영하는 과정을 통해 다음과 같은 역량을 강화할 수 있습니다. 행사 기획 단계에서는 새로운 지리데이 활동에 무엇이 있을지 고민하면서 창의성을 키울 수 있고, 행사 진행 단계에서는 친구들과 여러 역할을 분담하는 과정에서 발생하는 다양한 갈등 상황에 대한 조정과 합의를 통해 대인 관계 능력을 신장시킬 수 있습니다. 또한 거듭되는 행사에서 발생하는 여러 문제를 해결하는 과정을 통해 문제 해결 능력을 함양할 수 있습니다. 이는 2015 개정교육과정에서 바라는 핵심 역량을 키울 수 있는 교육과정 목표에 부합합니다. 지리데이를 운

---

1) 류재명 교수님 블로그 글: http://blog.naver.com/jamongryu/221121207061

영하는 학생들 뿐만 아니라 지리데이에 참여하는 학생들도 활동을 어떻게 구성해야 역량을 키울 수 있을지 함께 고민해야 합니다.

또한 단위 학교의 지리 교사가 혼자 지리데이를 기획–운영–정리까지 하기란 쉬운 일이 아닙니다. 보다 지속가능한 지리데이를 위해서는 지리 동아리에서 운영하는 것이 좋습니다. 일회성 행사보다 주기적인 행사 기획을 하게 되면 학생들의 역량을 지속적으로 키울 수 있을 뿐만 아니라 학교생활기록부 작성에도 도움이 됩니다. 현재 대학 입시에서는 학교생활기록부가 상당히 중요합니다. 지리 교사는 학기 초에 큰 방향과 세부 사항을 안내한 후 조력자로서 활동해야 합니다. 학생들은 어떠한 경험을 통해서든 성장합니다.

지리 동아리 세특의 일부

지리 동아리의 전체 회장을 맡아 활동함. 책임감을 가지고 열정적으로 활동하는 모습이 돋보임. 동아리 특색 활동인 '지리데이'를 3월부터 12월까지 매달 운영함. 매달 활동을 기획하고, 운영하고, 정리한 후, 상품까지 증정하는 일련의 과정을 경험함(총 10회). 지리데이를 기획하면서 '저 친구의 집은 어디인가', '지역별 기후 관련 관광상품 마케팅 대회' 등 창의적인 아이디어를 제시함. 지도교사의 부재 시에도 친구들과 협력하여 지리데이 활동을 진행함. 특히 8월 지리데이 활동을 위한 포스터 제작에 지원하는 친구들이 없자 제작을 자원함. 리더로서 솔선수범하는 모습을 보여줌. 10월 독도의 날 지리데이 활동에서는 직접 독도에 대한 퀴즈를 내고, 포스터도 제작함.

---

3. 지리데이 관련 인터뷰

지속가능한 지리데이 운영을 위해 의견을 얻고자 지리데이를 먼저 제안한 조해수 선생님을 인터뷰했습니다.

조해수 선생님과는 개인적인 친분이 있어, 따로 연락을 하고 다음 인터뷰 질문을 제시한 후, 5일 뒤에 이메일로 회신을 받았습니다. 인터뷰 대상자인 조해수 선생님은 질문에 일일이 답하기보다는 몇몇을 모아서 대답하는 형식으로 응답했습니다.

① 지리데이를 처음 생각했던 시기

② 지리데이를 생각해 낸 이유

③ 지리데이에 했던 활동

④ 지리데이에 했으면 하는 활동

⑤ 내가 생각하는 지리데이의 의의

⑥ 현재 여러 학교에 지리데이가 운영 중인데 제안자로서 소감

⑦ 지리데이에서 보완했으면 하는 점

① 지리데이를 처음 생각했던 시기 / ② 지리데이를 생각해 낸 이유

먼저 지리 달력에 대하여 말해야 할 것 같아요. 2007년 12월에 태안에서 기름 유출 사고가 있었지요. 그때 봉사활동을 갔습니다. 한 번은 녹색연합과, 다른 한 번은 학과 동기 선후배들과 함께 갔습니다. 학과 사람들과 갈 때에는 제가 주도적으로 기획하고 준비했습니다. 그리고 도착한 태안. 다들 비장한 마음으로 옷을 갈아입고, 장비를 챙겨 바다로 갔는데…. 얼마쯤 지났을까요? 방송이 나오더군요. 밀물 때가 되었으니 이제 나오라고요. 충격을 받았고, 미안했습니다. 다들 힘이 되고 싶어 어렵게 시간을 내었는데, 기획했던 제가 물때를 잘못 맞춰서 돌아가야 했으니까요. 집에 돌아가서 다른 사람들은 저와 같은 실수를 하지 말기를 바라는 마음으로 해가 떠 있는 썰물 시간, 그러니까 '봉사활동이 가능한 시간'을 달력(2008년 1월)으로 만들어 한 커뮤니티 사이트에 올렸습니다. 그것이 꽤나 이슈가 되었고, 한 선배가 이왕 이렇게 되었으니 1년짜리 지리 달력을 만들어 보면 어떻겠느냐고 제안을 하셨지요. 그때에는 돈도 없었고 사진도 모두 어디서 퍼온 것이어서 한 5부 정도만 제작했던 기억이 납니다(그런데 그때 만든 지리 달력이 현재 저에게도 없습니다. 한 부는 영월 지리박물관에 드렸는데…). 그것이 지리 달력의 시작입니다. 2008년 달력은 혼자 만들었지만, 2009년 달력은 동기, 후배들과 함께 만들었습니다. 2009년 지리 달력을 고민하던 회의에서, 지리를 기념할 만한 날을 만드는 것이 어떻겠느냐는 아이디어가 나왔고, 7월 2일과 매달 21일이 경합하던 중, 21일이 된 것이죠. 그러니까 아마 2008년 10월 정도일 겁니다. 21일을 제안한 친구는 친한 후배인데 지리를 흘려쓰면 2121이 되기 때문이라고 했습니다. 저는 그 말을 듣고 너무 흥분해서 그날 집으로 가는 길에 휴대폰 번호 뒷자리를 2121로 바꿨습니다. 그리고 아직까지 그 번호를 쓰고 있습니다.

③ 지리데이에 했던 활동 / ④ 지리데이에 했으면 하는 활동 / ⑥ 현재 여러 학교에 지리데이가 운영 중인데 제안자로서 소감

그런 날을 하나 만들면 막연히 꿈을 꾸잖아요. 아직 시작도 안 했는데…. 머릿속에는 많은 사람들이 지리데이에 파티를 하고, 환호하고, 공부도 하고, 답사도 가고, 즐기고 하는 모습이 마구 떠올랐습니다. 좀 더 정확하게 말하면 21일이 포함된 주를 지오위크로 해서 다양한 행사가 펼쳐지게 하고 싶었습니다(그때 쯤 지리 캠페인에 대한 논문2)을 읽기도 해서 더 흥분했습니다.). 저는 커피숍 사장이 되어 있고, 커피를 2,121원에 파는 등 뭐…, 그런 상상도 했습니다. 좀 더 구체적으로 지리데이의 미래를 그려본 적도 있습니다. 아마 2010년 정도일 겁니다. 한참 트위터 활동을 열심히 하던 때였는데요. 카이스트 정재승 교수가 중소도시 지역 도서관을 활용해서 〈10월의 하늘〉이라는 프로그램을 기획할 때였습니다. 너무 멋있어서, 정재승 교수에게 쪽지를 보냈습니다. "5월에는 5월의 땅이란 행사를 할 것이니 건드리지 말라"고요. 매년 있는 12번의 지리데이 중 5월의 지리데이는 〈10월의 하늘〉처럼 꾸며보고 싶다는 생각을 했습니다. 교수님들, 석박사님들이 지역 청소년들에게 지리를 이야기하고, 대학생들은 봉사를 하고, 출판사들은 청소년들에게 지리의 꿈을 키울 수 있도록 책을 선물하는 …. 결국 지리데이는 그렇게 되었으면 좋겠습니다. 아직도 꿈꾸고 있습니다. 하지만 그때 했던 것은, 작은 사이트를 만들어서 "지리는 □다. 왜냐하면 ○○○이니까"를 쓰게 하고, 우수작으로 뽑힌 분에게는 지리 달력 같은 선물을 드렸어요. 대학원생이었으니, 몇몇 사이트에 올리기도 했습니다. 하지만 지속적이지 못했고… 스물스물 사라졌죠. 그후 언젠가 후배님들이 만든 지리 달력을 보았는데, 21일 밑에 '지리데이'라고 적혀 있지 않아서 가슴 아픈 적도 있었습니다.

개인적으로 지리데이를 열심히 해 보자고 다짐한 것은 교사가 되어서입니다. 지리데이에 학생들에게 지리와 관련된 퀴즈를 내고 맞힌 학생에게 사탕을 주었어요. 사탕 때문인지 21일 근처가 되면, 학생들이 지리데이가 언제냐고 계속 물어 보는 통에 살짝 기쁘기도 했습니다. 그리고 지리데이를 널리 알려보려고 한 것은 전지모에서 일하면서부터예요. 전지모에서는 지금까지 생각했던 것을 하나씩 풀어가 보고 싶었습니다. 그래서 지리데이 행사도 선생님을 중심으로 많이 했으면 좋을 것 같아 스티커도 만들고, 각자 어떤 행사를 했는지 공유하는 장을 만들었어요. 하지만

---

2) 이종원, 2007, 지리학의 대중적 인식을 높이기 위한 노력: 내셔널지오그래픽의 지리 교육 캠페인을 중심으로, 한국지리환경교육학회지, 15(1), 37-49.

쉽지는 않았습니다. 뭐랄까 … 행사 은행(?) 같은 다양한 지리데이 행사가 모여 있는 방이 있고, 선생님들은 큰 노력 없이 그중에서 하나씩 쉽게 꺼내 쓸 수 있도록 하고 싶었는데, 저부터 많이 지쳤던 것 같습니다. 그래도 많은 선생님들께서 지치지 않고 꾸준히 해 주셔서 그저 감사드릴 뿐입니다. 그리고 사실 언젠가 부터 지리데이는 제 손을 떠난 것 같다는 생각이 듭니다. 제가 처음 제안하기는 했지만, 이제는 모두의 것이 되어 제가 이래라저래라 할 수 없는 것이 되어 버렸죠.

⑤ 내가 생각하는 지리데이의 의의

이런 이벤트가 차곡차곡 쌓여서 지리의 지평이 넓어지고, 사회 곳곳에 지리 전공자들이 진출해서 세상을 밝게 하고 그러면 좋을텐데…. 그저 의의라면 피식하고 한번 웃을 수 있는 시간을 준 것(?).

⑦ 지리데이에서 보완했으면 하는 점

지리데이를 제안한 지 10년이 지났지만, 아직까지 지리데이가 본격적으로 논의되거나, 조직이 구성되어 이야기를 나눈 적이 없습니다. 늘 저 혼자였고, 지리데이 이야기를 듣고 각 학교에서 지리데이 행사를 준비하는 선생님도 혼자였죠. 힘이 빠질 수 밖에 없었습니다. 지리데이는 아직도 시작하는 단계입니다. 이 인터뷰를 교수님들, 선생님들이 많이 보시겠죠? 이제는 좀 모여서 조직적으로 무언가를 했으면 좋겠어요. 교수님과 대학원생, 교사, 학생, 학부모, 기업들이 모두 모여 행사도 지속적으로 하게 된다면 어느 누구도 힘 빠지지 않고 모두가 웃으면서 보람 있고 기쁠 것 같습니다.

4. 상무고등학교 지리데이 사례

저는 전지모 카페를 통해 지리데이에 관심을 가지게 되었습니다. 2015년부터 지리데이를 알고 있었지만, 전 학교(풍암고등학교)에서는 지리데이 활동을 하지 못했습니다. 개인적인 여러 사정으로 인해 도저히 시간을 낼 수 없었기 때문입니다. 풍암고는 과학 중점 학교였습니다(상무고도 과학 중점 학교입니다). 3월 14일에 수학과와 융합과학부가 주도하여 파이데이(π-DAY)를 진행했습니다. 파이데이 활동으로 '의미 있는 숫자 찾기(부모님, 선생님 생일을 찾아보고 안내판에서 숫자를 찾은 후 제출)', '삼점일사', '파이데이' 등을 시제로 사행시 짓기를 했습니다. 또한 게시판에 어려운 수학 문제를 제시한 후 희망 학생들이 풀이하여 제출하게 했고, π(원주율, 3.1415926535…)를 수업 시간에 도전자에 한해서 외우게 했습니다. 파이데이에도 관심을 가지기 시작했을 때, 이어령, 정형모가 함께 쓴 『지(知)의 최전선』에서도 관련 내용을 찾게 되었습니다. 해당 글을 옮기면 다음과 같습니다.

"정 부장, 3월 14일이 무슨 날이야?"

시작부터 이 교수의 질문이 허를 찌른다. 화이트데이라고 말하고 싶었지만 그런 평범한 답을 기대하신 건 아니겠지. 하지만 다른 생각은 퍼뜩 떠오르지 않아 "화이트데이 아닌가요? 선생님도 사탕 받으셨어요?"하고 능청을 떨었다.

"그래, 누구나 그렇게 대답하겠지. 일본 사람, 대만 사람, 우리도 여기에 끼여 화이트데이라고 하지만 서양에서는 안 통해. 그들은 3월 14일을 파이(π)데이라고 해. 원주율 알잖아. 3.14…. 그런데 공교롭게도 그날은 아인슈타인의 생일이기도 해. 그래서 외국 대학생들이나 젊은이들은 이날 파이에 '3.14…'라고 써서 나누어 먹어. 똑같은 날인데 어떤 사람들은 사탕을 먹고 어떤 사람들은 파이를 먹지."[3]

일반인에게(물론 이어령 교수를 일반인이라고 말하기는 어렵지만) 파이데이가 이렇게 알려져 있다는 사실을 알게 되면서 포털 사이트에서 파이데이를 검색했습니다. 놀랍게도 파이데이 사이트[4]가 있었습니다. 해당 사이트에서는 파이데이 행사 안내, 기념품 판매 등을 하고 있었습니다. 생각보다 많은 사람들이 파이데이에 관심을 가지고 있었습니다.

저는 2017년 3월에 상무고등학교로 옮겼습니다. 새 학교에서 지리데이를 지속가능하게 운영하기 위해 학생들과 함께 지리데이를 운영하려고 했습니다. 상무고등학교의 지리데이는 지

---

3) 이어령, 정형모 공저, 2016, 이어령의 지의 최전선, 아르테, 239쪽
4) www.piday.org

리 동아리가 주도적으로 기획하고 운영합니다. 학기 초 동아리 부원을 모집할 때부터 지리 동아리는 '광주 테마 답사'와 '지리데이', 두 활동에 집중적으로 몰입하여 운영한다고 안내했습니다. 2017학년도 당시 여행 플래너가 꿈인 동아리 회장을 중심으로 3월부터 12월까지 지리데이를 운영했습니다. 3, 4월에는 지도교사의 안내와 지도가 많이 필요했지만, 5월이 지나면서 학생들 스스로 지리데이 포스터를 제작했으며, 어떤 활동으로 운영해야 할지도 고민하기 시작했습니다. 매달 21일에 평가가 있거나 휴일인 경우에는 융통성 있게 날짜를 조정해서 운영했습니다. 2017~2019학년도에 상무고등학교 지리데이는 다음과 같이 진행했습니다.

[2017학년도]

3월 지리데이(3월 21일 운영) – '지리' 2행시 짓기

4월 지리데이(4월 14일 운영) – 세계지도 3분만에 그리기 대회

5월 지리데이(5월 31일 운영) – 애니메이션 속 명소 찾기

6월 지리데이(6월 21일 운영) – 지역명 아재개그

7월 지리데이(7월 24일 운영) – 내가 만드는 지리데이

8월 지리데이(8월 21일 운영) – 천하 제일 화폐 대회(각 나라별 지폐 찾기)

9월 지리데이(9월 21일 운영) – 지리적 표시제

10월 지리데이(10월 25일 운영) – 독도의 날(10월 25일) 기념

11월 지리데이(11월 27일 운영) – 상무의 마블(세계 각 나라의 수도 찾기)

12월 지리데이(12월 21일 운영) – 지역(나라)명 초성 퀴즈

[2018학년도]

3월 지리데이(3월 29일 운영) – '지리' 2행시 짓기

4월 지리데이(4월 18일 운영) – 지역명 아재개그

5월 지리데이(5월 8~21일 운영) – 시네마 지리

6월 지리데이(6월 셋째 주 세계지리 수업 시간 운영) – 인지 지도(mental map) 그리기

7월 지리데이(7월 23일 운영) – 우리나라 지도 1분만에 그리기

8월 지리데이(8월 21일 운영) – 상무의 마블(세계 각 나라의 수도 찾기)

9월 지리데이(9월 셋째 주 세계지리 수업 시간 운영) – 세계지도 2분만에 그리기

10월 지리데이(10월 25일 운영) – 독도의 날(10월 25일) 기념

11월 지리데이(11월 13일 운영) – 랜드마크로 나라 맞추기

12월 지리데이(12월 셋째 주 세계지리 수업 시간 운영) – 지리 그리기 한마당

[2019학년도]

3월 지리데이 – 지리티콘 제작

4월 지리데이 – 지구의 날 기념 엽서 쓰기

매번 지리데이를 하고 나면 우수작을 약 10개 정도 뽑아 학교 페이스북, 지도교사의 페이스북 혹은 네이버 블로그, 전지모 카페 등에 올리며 마무리합니다. 우수작을 뽑는 것도 동아리 학생들이 자율적으로 진행합니다. 상품은 전지모에서 만든 에코백, 머그컵, 티처빌에서 만든 딱붙지 세계지도 포스트잇, 세계지도 마우스 장패드, 코끼리똥 종이 수첩(공정 무역), 무한도전 수첩 등을 주었습니다. 2017학년도에는 해당 상품이 모두 떨어지는 바람에 사비를 털어 매점 이용권을 주었습니다. 하지만 사비를 내는 것은 지속가능하지 않다고 생각되어 2017학년도 12월에 2018

6월 지리데이 포스터
(지역명 아재개그)

9월 지리데이 포스터
(우리나라 지리적 표시제)

11월 지리데이 포스터
(상무의 마블)

그림 2-1 다양한 지리데이 포스터

학년도 예산을 편성할 때 지리 관련 예산을 많이 신청했습니다(어차피 깎일 겁니다. 많이 신청하세요.). 그런데 유감스럽게도 학생들은 이런 저런 상품들보다는 매점 이용권을 더 좋아했습니다. 지리데이에 참여한 상무고 학생들의 의견을 살펴보면 다음과 같습니다.

- 딱딱한 내용만이 아니라 '지역명 아재개그'와 같은 주제로 지리데이를 진행해 쉬어가는 부분도 있고, '독도의 날'에는 독도와 관련된 문제를 내서 독도에 대하여 공부할 기회를 주었던 부분은 좋았다. 대체로 지리 동아리 부원이 속한 반에서만 참여율이 높고 비교적 다른 반의 참여율이 낮은 점은 아쉬웠다.
- 세계지리와 관련된 퀴즈를 풀면서 재미있었고 보람도 있었다. 또 당첨되면 상품을 받는 것도 좋았다. 아쉬운 점은 참여한 사람들에게도 사탕이나 초콜릿 같이 참여만 하면 주는 무언가가 있으면 좋겠다.
- 지리데이는 '2121'이 '지리'와 비슷한 점을 이용하였다는 창의성이 굉장히 인상 깊었다. 각국의 특산물, 수도 등을 맞추는 퀴즈를 통해 지리는 막연히 따분한 암기 과목이라는 생각을 없애는 시간이었다. 가장 인상 깊었던 활동은 국가명을 이용한 아재개그였는데, 학생들의 톡톡 튀는 창의력이 아주 큰 재미를 주었다.
- 지리데이에서 수도 이름 맞추기는 대회로 하면 좋을 것 같다.
- 각 나라의 화폐와 애니메이션의 배경 나라 맞추기가 인상 깊었다.
- 가볍게 알고 있는 지식으로도 쉽게 참여할 수 있어서 재미있었고, 참여하는 데 부담스럽지도 않았다.
- 답을 맞히려고 친구들과 소통하거나 인터넷, 책 등을 찾아보면서 조금이나마 공부가 되었던 것 같다.
- 지루한 한 달 중에 열린 한번의 재미있는 이벤트는 정말 신선했다.
- 상품을 받을 목적으로 참여했지만 여러 번 참여하면서 나도 모르게 지리 공부에 도움이 됨을 느꼈다. 정말 좋은 기획인 것 같다.

2017학년도에 지리 동아리를 주도적으로 운영했던 지리 동아리 회장의 인터뷰 내용은 다음과 같습니다.

① 지리데이 운영 활동을 통해 얻은 것은(배운 점, 느낀 점, 인상적인 경험 등)?

매달 21일에 진행하는 지리데이를 친구들과 함께 운영하면서 협동심을 기를 수 있게 되었고, 매달 무엇을 주제로 할지 선택하는 과정을 통해 의사 결정 능력도 기를 수 있었다. 지리데이 주제를 통해 지리적 표시제, 독도와 관련된 정보, 각 나라의 수도 등 지리에 관한 다양한 지식을 배울 수 있었으며, 10월에는 독도의 날을 맞이해서 독도 관련 문제를 냈는데, 이 과정을 통해 평소 독도에 관해 알지 못했던 내용을 자세히 알게 되어 좋았다. 작년에 독도 골든벨에 참여했던 경험이 지리데이에서 문제를 만들 때 도움이 되었다. 또한 지리데이에 당첨되어 기뻐하는 친구들의 모습을 보는 것도 뿌듯했다.

② 지리데이 운영에서 힘들었던 점과, 내년에 이어진다면 보완할 점은?

홍보가 원활하지 못해 참여율이 저조하고 참여 인원 대부분 2학년 문과에 한정되어 아쉬웠다. 문·이과 학생들 모두 관심을 가지고 참여할 수 있는 주제를 선정한다면 좋을 것 같다. 또한 대체로 21일에 운영하기도 했지만, 학교 일정상 문제로 21일에 운영하지 못한 달도 있어서 조금 아쉽긴 하지만 그 부분은 어쩔 수 없는 문제인 것 같다.

매달 한 차례씩 지리데이를 운영하면서 전체 학생들(각 반과 여러 게시판)에게 안내했습니다. 참여하지 않은 학생들(이과 학생들과 3학년 학생들)도 한 번쯤은 지리데이가 무엇을 하는 날인지 생각했을 것입니다. 이처럼 지리데이는 학교 전체에 지리 교과에 대한 인식을 높일 기회를 줍니다. 지리데이에 참여한 여러 학생들은 지리 교과에 좀 더 관심과 흥미를 가지게 되었고, 한 달 동안 이 이벤트만을 기다리는 학생도 생겼습니다. 다른 학교에도 지리데이 이벤트에 참여하고 싶어 학교에 오겠다는 학생도 있었다고 합니다. 2017학년도에 상무고에서 처음 지리데이를 시작하면서 교사도 새로 학교를 옮기면서 새로운 풍토에 적응해야 해서 어려웠고, 신설된 동아리로 학생들을 모집하는 것도 힘들었으며, 예산 사용과 관련된 불편도 있었습니다. 그러나 지금은 거의 해결된 문제들입니다.

또한 지리 관련 상품에도 한계가 있었습니다. 여러 교사들이 아이디어를 짜내고 있습니다. 작은 지구본, 여행지에서 사온 티셔츠, 지리 달력, 지구본 연필깎이, 지구본 조명 등을 구입해서 주기도 합니다. 전지모에서 공동구매로 에코백과 지리 머그컵을 구입하기도 했습니다. 파이데

그림 2-2 전지모에서 공동 구매한 지리데이 상품들(지리 머그컵과 지리 에코백)

이 사이트처럼, 아니면 딱붙지(지도 포스트잇)를 파는 티처빌처럼 학교 예산으로 지리데이 상품을 구입할 수 있는 곳이 필요합니다. 학교 예산이 아니면 개인 교사의 사비로 운영해야 합니다. 현재 지리에 대한 열정으로 사비를 쓰며 지리데이를 운영하는 교사들도 많습니다. 하지만 이러한 상황은 지리데이를 운영하는 데 걸림돌이 될 수 있으므로 지속가능한 지리데이를 위해서는 지리데이 관련 상품을 구입할 수 있는 판

그림 2-3
지리데이 상품 콜렉션

매처 마련이 시급해 보입니다. 여러 선생님들의 도움으로 지리데이 관련 상품을 모아 정리했습니다. 제 블로그의 [매달 21일 지리데이] 게시판을 보면 여러 가지 상품을 찾아보실 수 있습니다. 그림 2-3의 QR코드를 통해 열어보셔도 됩니다.

5. 결론 및 제안

　각 학교에서 열정적인 지리 교사들이 지리데이를 운영합니다. 하지만 전지모 네트워크를 통해 지리데이를 들어본 적이 있거나, 관심을 가지는 교사가 대다수입니다. 여전히 지리데이에 대한 이야기를 듣지 못해서, 아니면 개인 혹은 학교 사정으로 인해 지리데이를 운영하지 않는 학교가 대다수입니다. 제가 좋다고 해서 모두에게 강요할 수는 없습니다만 '지리데이라는 날도 있

구나'라는 이야기를 듣고, '지리데이가 무엇일까?', '지리데이에는 어떤 활동을 할까?'에 관심을 가진다면 지리데이를 제안한 사람이나 현재 지리데이를 운영하는 사람들, 그리고 지리 대중화에 관심이 많은 우리 모두의 작은 바람은 이루어진다고 생각합니다. 지금은 무엇보다 생각의 확산이 중요합니다.

혼자 하다 보면 계속 어려움을 겪을 수밖에 없습니다. 교사가 가르치는 일만 한다고 생각하는 사람이 있다면 정말 혼을 내고 싶은 심정입니다. 교사는 참 바쁩니다. '멀리 가려면 함께 가라'는 말이 있습니다. 지속가능한 지리데이를 위해서라면 도움 받을 여러 곳이 필요합니다.

먼저 지리데이 아이디어는 전지모 카페에서 얻을 수 있습니다. 저도 이곳에서 아이디어를 얻어 시작했습니다. 두 번째, 교사 자신이 모든 활동의 주체가 될 필요는 없습니다. 저처럼 지리 동아리를 꾸려 학기 초부터 학생들에게 지리데이의 의도, 방향을 잘 설명하면 5월 정도부터는 교사의 손을 덜 타더라도 지리데이를 성공적으로 운영할 수 있습니다. 전국의 많은 중·고등학교에서 학생들과 함께하는 지리데이(GEO-DAY)의 꽃이 피어나길 진심으로 바랍니다.

6. 생각과 나눔

① 선생님이 생각하는 지리데이 날짜는 언제일까요?
② 선생님이 지리데이에서 함께 하고 싶은 활동에는 무엇이 있을까요?
③ 선생님이 지오위크(지리 알기 주간)를 운영한다면 언제가 좋을까요?
④ 선생님이 지오위크에서 함께 하고 싶은 활동에는 무엇이 있을까요?

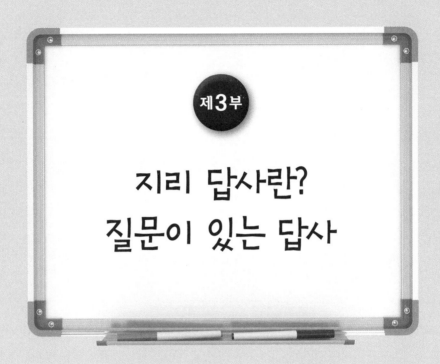

제3부

지리 답사란?
질문이 있는 답사

1. 네이티브가 그 지역을 더 몰라?

 학생들과 함께 답사하다 보면, 많은 것을 느낍니다. 답사 후 소감이나 느낌을 물어 보았을 때 가장 많이 나오는 대답은 무엇일까요? 예상과는 달리 "여기는 처음 왔다.", "광주에 이런 곳이 있는 줄 몰랐다.", "들어본 적도 없었다." 등입니다. 저는 2012학년도부터 학생들과 함께 광주 지역을 답사하고 있습니다. 위 반응이 정말 맞는지 궁금했습니다. 그래서 2017학년도 우리 학교 학생 281명(남학생 111명, 여학생 170명)을 대상으로 설문조사를 했습니다. 학년별 분포를 보기 위해 1학년 87명(남학생 57명, 여학생 30명), 2학년 115명(남학생 25명, 여학생 90명), 3학년 79명(남학생 29명, 여학생 50명)을 대상으로 하였습니다. 설문 문항은 그림 3-1과 같습니다.

 학생들의 응답을 문항별로 살펴보겠습니다.

 1번 문항에서는 4곳 이상을 들어 본 학생이 74.7%에 해당합니다. 차트를 보면 학년이 올라갈수록 4곳 이상을 들어 본 학생의 수가 많이 증가합니다. 광주광역시에서 나름 널리 알려진 관광지를 설문으로 구성했기 때문에, 4곳 이상을 들어 본 학생이 10명 중 7명 이상 되는 것으로 생각합니다. 반면 10명 중 3명은 고등학생임에도 불구하고 무등산을 포함하는 5곳 관광지를 들어 본 적도 없다고 하였습니다.

 2번 문항에서는 복수 응답을 할 수 있도록 설문을 구성했습니다. 학생들이 가장 많이 가 본 장

1. 다음 장소에 대해 들어 본 적이 있나요? (   )

> 국립아시아문화전당(ACC), 양림동 근대역사문화마을, 무등산, 1913 송정역시장, 5.18 민주화운동 관련 유적지

① 5곳 모두 들어 보았다.   ② 4곳을 들어 보았다.

③ 3곳을 들어 보았다.   ④ 2곳을 들어 보았다.

⑤ 1곳을 들어 보았다.

2. ①~⑤ 중 여러분이 가 본 적이 있는 장소는?(복수 응답 체크 가능, 5개 모두 가능함) (   )

① 국립아시아문화전당(ACC)   ② 양림동 근대역사문화마을

③ 무등산   ④ 1913 송정역시장

⑤ 5.18 민주화운동 관련 유적지

3. 해당하는 장소에 가 보았다면 어떠한 경로로 다녀왔나요? (복수 응답 체크 가능) (   )

① 학교의 체험 활동(소풍이나 동아리 활동 포함)에서 다녀옴.

② 친구와 자유롭게 다녀옴.

③ 가족과 함께 다녀옴.

④ 기타: (   )

4. 해당하는 장소에 가 보지 않았다면, 그 이유는 무엇인가요? (   )

① 가 보기 귀찮아서   ② 별로 관심이 없어서

③ 들어 본 적이 별로 없어서   ④ 따로 시간을 내기 힘들어서

⑤ 기타: (   )

– 설문에 참여해 주셔서 정말 감사합니다. –

그림 3–1 광주 지역 답사지에 대한 설문조사

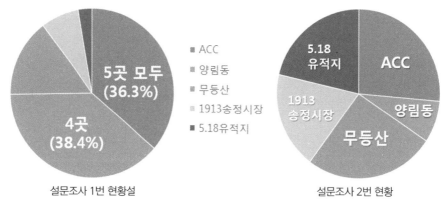

범례
■ ACC
■ 양림동
■ 무등산
■ 1913송정시장
■ 5.18유적지

설문조사 1번 현황설   설문조사 2번 현황

그림 3-2 설문조사 결과

소로는 국립아시아문화전당(26.4%)과 무등산(25.8%)이 꼽혔습니다. 5.18 민주화운동 관련 유적지(21.4%)와 최근 관광지로 유명해진 1913 송정역시장(18.5%)이 그 뒤를 이었습니다. 무등산은 광주를 대표하는 랜드마크이고, 국립아시아문화전당은 최근에 준공되었지만 구(舊) 도청 공간이라는 공간성이 있기 때문에 많은 학생들이 찾은 것으로 생각합니다. 그런데 5.18 민주화운동 관련 유적지는 5.18 국립묘지, 5.18 자유공원, 5.18 기록관 등 여러 곳에 있지만, 생각보다 많은 학생이 가 보지 않았다는 사실에 놀랐습니다. 양림동 근대역사문화 마을은 선택지 중 가장 많은 학생이 가 보지 않은 곳이었습니다(8.0%). 저는 2012년부터 학생들과 함께 매년 최소 한 번 이상은 이 지역을 답사하고 있습니다. 여러 답사 장소에 참여한 경로를 물었던 설문조사 3번에서는 학교를 통해 다녀옴 34.5%, 친구들과 자유롭게 다녀옴 32.8%, 가족과 함께 다녀옴 29.2%로 비슷한 응답이 나왔습니다. 자신이 가 보지 않았거나, 다른 친구들이 해당 지역에 가 보지 않았다면 왜 그럴까를 물었던 4번 문항에서는 별로 관심이 없어서 30.2%, 들어본 적이 별로 없어서 23.5%, 따로 시간을 내기 힘들어서 22.8%라는 답변이 나왔습니다.

　오히려 페이스북, 블로그 등 SNS로 정보를 접한 다른 지역의 사람들이 우리 지역의 명소를 찾습니다. 하지만 그곳에 사는 우리는 그 지역에 대해 얼마나 많이 알고 있을까요? 관광객에게 알려진 맛집에는 네이티브(원주민)는 잘 안 간다고 하지요? 맛집만 그런 게 아닌 것 같습니다. 그곳에 살지만 해당 지역에 대해 잘 모르는 것은 어른이나 학생이나 마찬가지입니다. 우리 마을, 우리 지역부터 이해하는 것이 일상 속 지리 이야기의 시작 아닐까요?

수업 콘서트

2. 2017학년도 질문이 있는 답사

상무고 지리 동아리 The지리어스 학생들과 광주광역시 테마 답사를 계획했고, 다음과 같이 답사 지역을 선정했습니다.

무등산, 동명동, 5.18 민주화운동 유적지, 1913 송정역시장, 국립아시아문화진딩(ACC), 양림동 근대역사문화마을, 광주 폴리, 대인예술시장 별장(야시장), …

그리고 2017년에 다음과 같은 일정으로 답사를 진행했습니다.

> 4월 22일 1차 답사: 근대역사문화마을 – 남구 양림동
> 5월 17일 2차 답사: 5.18 관련 – 서구 5.18 자유공원
> 5월 20일 3차 답사: 5.18 관련 – 동구 5.18 민주화운동 기록관
> 7월 29일 4차 답사: 근대역사문화마을 – 남구 양림동
> 9월 2일 5차 답사: 국립아시아문화전당(ACC) 투어 – 동구 문화전당로38
> 10월 28일 6차 답사: 무등산 옛길 2구간(원효사 – 서석대)

답사를 진행할 때 도움 받을 수 있는 곳이 많습니다. 광주광역시 남구에서는 양림동 투어를 활성화하기 위해 문화해설사를 배정해 주고, 봉사활동을 미리 신청하면 환경 정화 활동을 진행한 후 2~3시간 봉사활동 시간을 주기도 합니다. 국립아시아문화전당(Asia Culture Center, ACC)에서도 전당 투어를 신청할 수 있습니다. 홈페이지(https://www. acc.go.kr/)에 들어가서 왼쪽 탭의 ACC 투어를 클릭하면 신청할 수 있습니다(참! 회원 가입을 해야 합니다). 기본 코스는 10:30, 13:00, 14:30, 16:00에 약 20명 정도를 한 팀으로 예약할 수 있습니다. 국립아시아문화전당의 자랑인 문화정보원 전시 해설도 무료로 즐길 수 있습니다. 투어 신청에 이어 함께 예약하면 도슨트의 전문적인 내용 설명과 함께 문화정보원 전시도 관람할 수 있습니다. 코로나-19로 인해 혹시 변동 사항이 있을 수도 있으니, 미리 인터넷 사이트를 참고해서 확인하시기 바랍니다.

답사의 기본 콘셉트는 '질문'입니다. The지리어스에서는 광주광역시 남구 양림동을 봄, 여름, 가을, 겨울에 답사하기로 했습니다. 2012년부터 해마다 양림동을 두 차례 이상 답사하는데, 계절마다 같은 학생들과 와 본 경험이 없었습니다. 계절에 따라 달라지는 양림동을 학생들과 함께 보고 싶었습니다. 그래서 양림동을 네 번이나 가는 것으로 정했습니다. 한 장소가 계절에 따라

그림 3-3 1차 테마 답사(양림동 다형다방 앞에서)

그림 3-4 2차 테마 답사(5.18 자유공원 앞에서)

수업 콘서트

그림 3-5 3차 테마 답사(5.18 민주화운동기록관 앞에서)

그림 3-6 4차 테마 답사(양림동 정율성 동상 앞에서)

그림 3-7 여행 기획자가 꿈인 동아리 회장의 발표　　**그림 3-8** 지리 동아리 회원 학생의 발표

변하는 모습을 본다는 일은 의미 있지 않을까요? 하지만 학생들은 같은 곳을 네 차례나 답사하는 것을 지겨워할 수도 있어서 매번 답사 방식을 다르게 정했습니다. 1차 답사는 지도교사가 인솔, 2차 답사는 학생들이 인솔, 3차 답사는 문화해설사 선생님이 인솔하는 것으로 하였고, 4차 답사는 편한 여행처럼 가기로 했습니다.

　1차 답사는 제가 인솔하였습니다. 2차 답사를 위해 학생들이 해당 장소와 지역에 대한 정확한 이해와 공부가 필요할 것 같아 답사 지역마다 질문을 학생 개인당 3개씩 만들기로 했습니다. 1차 테마 답사 때 돌았던 양림동의 코스는 다음과 같습니다.

> 정율성 동상 → 정율성 거리 전시관 → 정율성 생가 → 조아라 기념관 → 최후의 만찬 양림 → 다형다방 → 사직도서관 선교기념비 → 양림역사인물거리 → 유진벨 선교기념관 → 사직공원 전망대 → 호남신학대학교 내 다형 김현승 시비 → 우일선 선교사택 → 호랑가시나무 → 수피아여고 내 커티스메모리얼홀 → 광주 3.1만세운동 기념탑 → 동개비(정공엄지려) → 이장우 가옥 → 한희원미술관 → 펭귄마을

　학생들은 질문을 찾기 위해 해당 답사 지역에 가서 안내판을 찾아보고, 홍보 책자도 챙겼습니다. 학생들은 받아온 자료와 인터넷을 참고하여 각 답사 지역에 대한 질문을 만들었습니다. 질문은 동아리의 부회장이 전체를 모아 네이버 밴드에 올렸습니다. 질문 마지막에는 답사 피드백을 받았습니다.

　2차 테마 답사 때에는 사전에 답사 세미나를 진행했습니다. 2차 테마 답사는 학생들이 인솔하여 답사를 진행할 계획이었으므로, 세미나는 답사지에 관한 정확한 정보를 확인하기 위한 자리

였습니다. 학생들은 지난번 답사 때 만들었던 질문지를 토대로 프레젠테이션을 준비해 왔고(이 부분이 중요한 활동입니다.), 현장에서 큐레이터처럼 친구들에게 소개하기 위해 여러 자료를 참고하여 정리했습니다.

내용을 최종 점검한 후 2017년 7월 29일에 2차 답사를 진행하였습니다. 학기 초 지리 동아리 답사 계획에서 양림동을 계절마다 가기로 정했습니다. 하지만 여름에는 야외 답사를 지양해야 겠나는 생각을 하게 되었습니다. 학생들도 엄청나게 힘들어했습니다. 땀만 뻘뻘 흘리다가 정해 진 답사 코스를 2/3만 소화한 후 귀가하게 되었습니다. 교육적 효과도 좋지만 일단 우리가 살고 봐야 할 것 같았습니다. 내년에는 봄, 가을, 겨울에 양림동 답사를 하고, 여름에는 국립아시아문 화전당(ACC) 투어를 가는 것이 낫겠다고 생각했습니다. 너무 당연한가요? 실내의 시원함이 그 리워 9월에는 바로 국립아시아문화전당 투어를 진행했습니다.

그림 3-9 5차 테마 답사(국립아시아문화전당)

3. 2018학년도 질문이 있는 답사 + α

지리 동아리가 정비되었습니다. 심하게 정비되어 2학년 때 회장이었던 학생 한 명만 남고, 20명의 학생이 새로 들어왔습니다. 저는 해마다 양림동을 답사하지만, 학생들은 그렇지 않았습니다. 2018학년도에도 어김없이 학생들과 양림동 답사를 수차례 계획하였습니다만 잘될지는 모르겠습니다. 2018학년도 지리 동아리 답사에서는 기존에 활용했던 질문이 있는 답사의 콘셉트에, 좀 더 적극적인 네이버 밴드의 활용, 스케치 활동, 다녀온 후 문헌 연구 활동(책으로 다시 살펴보는 질문 활동)을 더해서 진행했습니다.

> 4월 28일 1차 답사: 양림동 근대역사문화마을
> 5월 12일 2차 답사: 5.18 자유공원, 5.18 기록관

지리학은 종합 학문입니다. 오감을 이용하여 지리학을 연구할 수 있습니다. 저는 시각 지배적인 지리학에 대해 고민이 많았고, 『지리 답사란 무엇인가』를 번역하면서 소리 경관, 냄새 경관 등을 알게 되었습니다. 여러 선생님들께서 소리 지도를 만들기도 하지만, 저는 지리 동아리가 재편되었던 시점에 다시 기본으로 돌아가자고 생각했습니다. 영어로 "I see."라는 말을 직역하면 "나는 본다."가 되지만, 실제 뜻은 "나는 이해한다(I understand.)."가 됩니다. 그래서 다시 시각으로 눈을 돌리게 되었습니다.

> 가장 중요한 감각기관은 눈으로, 우리는 귀를 통해 얻는 정보보다 무려 1,000배나 많은 양의 정보를 눈을 통해 얻을 수 있다. 귀에 의해서는 대략 6m 범위 내에서 유효한 정보를 얻을 수 있다. 거리가 약 30m 정도 되면 양방향의 대화는 어렵고, 한쪽 방향만으로만 정보가 전달될 수 있으며, 그 이상의 거리가 되면 양방향 모두 매우 어려워진다.[1]

시각적 활동은 매우 다양합니다. 그중 학생들이 가장 많이 하는 활동은 사진 촬영입니다. 연구 방법 중 사진 촬영은 많은 장점을 가지고 있습니다. 그러나 매 순간 누르는 셔터만큼 학생들

---

1) 주경식, 2017, 나의 장소이야기1, 교학사, 286쪽.

이 해당 장소의 경관을 진정성 있게 바라보고 있는 것인지, 그냥 보고서를 내기 위해 사진만 찍는 것인지는 알기 어려웠습니다. 저는 고전적인 지리학 연구 방법론으로 돌아가야겠다고 생각했습니다. 스케치를 하기로 했습니다.

> 답사노트에는 무엇을 기록할까? 우리는 여러분에게 열린 마음을 가지라고 말해 주고 싶다. 자신에게 익숙한 여러 관찰을 포함해도 되고, 한 번도 시도한 적이 없는 실험적인 방식을 포함해도 된다. 우선 오늘날에는 거의 사용되지 않지만 초창기 지리학자들이 많이 사용했던 기법인 스케치부터 시작할 수 있다. 린턴(David Linton)은 지리를 전공하는 학생들을 위해 경관 스케치에 대한 책을 썼는데, 그는 서문에서 다음과 같이 주장했다.
>
> 이 책을 읽는 사람이라면 분명히 깨닫게 될 것이다. 어떤 경관의 특징을 포착하는 최고의 방법은 오직 그곳에 앉아서 그림을 그리는 것 외에는 없다는 사실을 말이다. 그리기는 단순한 기록이 아니다. 그것은 지리학자로 하여금 대상을 자세히 살펴보게 하는 하나의 수단이자, 자신이 관찰한 것을 이해하게 하는 하나의 단계이다.
>
> 아마 여러분도 미술관에서 본 적이 있겠지만, 미술 전공 학생들이 조각 작품을 그냥 카메라로 찍는 것이 아니라 그 앞에 앉아서 세밀하게 스케치하는 것도 같은 맥락에서이다. 그 이유는 간단하다. 우리가 어떤 대상을 앞에 두고 그림을 그리거나 기술하려면, 좀 더 가까이 다가가서 주의 깊게 바라보아야 하기 때문이다.[2]

작년에는 담임을 하면서 학생들에게 시를 벌로 쓰는 지벌을 주었습니다. 글로 쓰는 벌이라고 해서 학생들은 '글로벌'이라고 불렀습니다. 글로벌에서 가장 많이 썼던 시가 나태주 시인의 〈풀꽃〉입니다.

> 자세히 보아야 예쁘다. 오래 보아야 사랑스럽다, 너도 그렇다.

한 장소에 진득하게 앉아서 경관을 바라보고 분위기를 느끼기를 바랐습니다. 정말 오랫동안 한 곳에 머물러 보았으면 했습니다. 답사 일정상 그렇게 오랫동안 있을 수는 없었지만, 스케치 활동을 위해서는 다리로 찍든, 카메라로 찍든, 찍고만 가는 답사에서는 잠시나마 벗어날 수 있

---

2) 리처드 필립스, 제니퍼 존스 저, 박경환, 윤희주, 김나리, 서태동 역, 2015, 지리 답사란 무엇인가, 푸른길, 187-188쪽.

었습니다.

　답사 활동 전 동아리 시간에 학생들에게 스케치 연습을 하도록 했습니다. 스케치 소재를 고민하다 올해 초에 구매했던 〈세연지 지리 이미지 카드〉를 골랐습니다. 학생들에게 마음에 드는 사진 2장을 고르게 한 후, 동아리 시간 동안 스케치를 하라고 했습니다. 그리고 스케치를 하는 이유를 설명하고, 추후 답사에서는 실제로 스케치를 진행할 것이라고 말했습니다.

　2018년 4월 28일에 The지리어스 학생들과 양림동 답사를 했습니다. 2017년과 코스 변동은 거의 없었습니다.

정율성 동상 → 정율성 거리 전시관 → 정율성 생가 → 펭귄 컬러 마을 → 펭귄마을 → 네바다 핫도그 → 정공엄지려(동개비) → 한희원미술관 → 최승효 가옥(앞에 갔는데 문 닫음) → 이장우 가옥 → 소심당 조아라기념관(문 닫아서 앞에서 인증샷) → 최후의 만찬, 양림 → 다형다방 → 선교기념비(사직도서관) → 유진벨 선교기념관 → 사직타워 전망대 → 호남신학대학 내 다형 김현승 시비 → 우월순 선교사택(스케치) → 호랑가시나무 → 오웬기념각 → 어비슨기념관 → 양림빵집

　다만 작년에는 부회장이 학생들의 질문을 모두 모아 올리느라 고생했지만, 올해는 각자가 밴드에 바로바로 올리도록 했습니다. 각 답사 지점마다 질문을 2개씩 만들고 올리라고 했고, 답은 따로 적지 않아도 된다고 했습니다. 추후 문헌 연구를 통해 보완할 생각이었습니다. 밴드를 통해 피드백을 바로 받도록 했습니다. 실명으로 공개된다는 단점이 있기는 하지만, 학생들이 생각보다 진솔하게 답사에 대해 평가했습니다. 저는 항상 '1. 좋았던 점, 2. 추후 답사에 보완하면 좋을 점, 3. 자유 소감'으로 답사 평가를 받습니다.

그림 3-10 스케치하는 지리 동아리 학생들

그림 3-11 스케치 결과물

 서태동
2018년 4월 28일 오후 7:46 · 17 읽음

(☆ 20180428 The지리어스 양림동 답사)(1)

정율성 동상 → 정율성 거리 전시관 → 정율성 생가 → 펭귄
칼라 마을 → 펭귄 마을 → 네바다 핫도그 →
정공엄지려(동개비) → 한희원 미술관 → (최승효 가옥 -
앞에 갔는데 문닫음) → 이장우 가옥 → 소심당 조아라
기념관(문닫아서 앞에서 인증샷) → 최후의 만찬, 양림 →
다형 다방 → 선교 기념비(사직도서관) → 유진벨 선교
기념관 → 사직 타워(전망대) → 호남신학대학 내 다형
김현승 시비 → 우월순 선교사택(스케치) → 호랑가시나무
→ 오웬기념각 → 어비슨 기념관 → 양림빵집 끝.

각 포인트별로 개인당 질문을 2개씩 만들어서 밴드에 올릴
것!
추후 <양림동을 걷다>라는 책을 곧 배부함.

다음에는 포인트별로 발표자를 정해서, 연습하고 답사에
참여하게 됨.

그림 3-12 답사 밴드

양림동 답사 5줄 소감은 여기 댓글로 달아주세요.
1. 좋았던 점
2. 추후 답사에 보완하면 좋을 점
3. 자유 소감

표정 5 · 댓글 17

 김
양림동답사를 하면서 좋았던점은 원래 집에 잘
나오지않아서 답사등을 가본적이없는데 이번 기회를
통해서 직접 눈으로보고 활동할수있어서 좋았고
펭귄마을을 옛날부터 아영이가 말해줘서 펭귄마을에
펭귄이 있을줄알고 기대했는데 없어서 아쉬웠고
우리가 먹을때 시간을 너무많이 써서 다음에 먹는게
있다면 맨마지막으로 빼는게 일정을 다

그림 3-13 펭귄마을 소녀상 앞에서   **그림 3-14** 사직공원 전망대에서

양림동 답사 학생 소감 사례

김○○: 나는 원래 집에서 잘 나오지 않아서 답사 등을 가본 적이 없는데 이번 양림동 답사를 통해 직접 눈으로 보고 활동할 수 있어서 좋았다. 펭귄마을을 옛날부터 ○○이가 말해 줘서 펭귄마을에 펭귄이 있을 줄 알고 기대했는데 없어서 아쉬웠다. 우리가 먹을 때 시간을 너무 많이 써서 다음에는 먹는 시간을 맨 마지막으로 빼면 일정을 모두 소화하기에 좋을 것 같다. 선생님도 많은 애들 인솔하시느라 수고하셨습니다!

송○○: 작년에 수학여행을 양림동으로 와서 그때는 펭귄마을밖에 없는 줄 알고 펭귄마을만 돌아다녔는데 이번 답사를 통해 양림동에서 좀 더 많은 것을 보고 느낄 수 있어서 좋았다. 아쉬운 점은 늦는 사람이 없으면 좋겠다. 특히 박○○! 날씨가 좀 선선할 때 가면 좋겠고, 천천히 진행하면 좋겠다고 느꼈다. 너무 재미있었다. 또 가고 싶다.

박○○: 평소 볼 수 없었던 근대 건물들 모습을 보면서 근대의 멋을 느낄 수 있었고, 건물이 아름답다고 생각했다. 또한 펭귄마을이 생각보다 관광성이 뛰어나 놀랐다. 작은 소품 하나하나가 모두 아기자기한 추억이 서려 있는 것 같아 좋았다. 이번 답사 자체는 너무 좋았고 일정도 좋았는데 따라가기에 조금 벅찼다. 장소를 이동할 때에는 조금만 여유를 주었으면 좋겠다는 아쉬움이 있다. 이번 답사를 통해 선교사들이나 장소에 대해 잘 알 수 있었다. 답사라는 것 자체도 해본 적이 없기에 새로운 경험이었다. 다른 공간도 답사하고 싶다는 생각도 들었다. 비록 뒤에 있어서 놓친 것도 많았지만, 새로 알게 된 것도 많아 알찬 시간이었다고 생각한다.

박○○: 그동안 양림동이 어디 있는지 몰랐는데 이번에 양림동 답사에 가서 양림동이 남구에 있다는 것을 알게 되었다. 양림동에 있는 펭귄마을에 가서 정크 아트 작품을 구경하고, 다른 예술 작품도 구경할 수 있어서 좋은 경험이었다. 추후 답사를 갈 때에는 날씨를 고려해서 가면 좋을 것 같고, 그 외에 특별히 보완할 점은 없었던 것 같다. 소감으로는 지금까지 가보지 못했던 장소에 가서 새로운 경험을 하게 되어 좋은 경험이 되었으며, 광주의 다른 문화적 장소에도 답사를 가 보고 싶다.

김○○: 태어나서부터 지금까지 광주에 살면서 평소에 다니는 곳이 아닌 곳은 거의 처음으로 가봐서 다닐 때 신나고 좋았다. 그리고 양림동은 펭귄마을밖에 알지 못했는데 역사적 의미가 있는 곳을 많이 알게 된 것도 좋은 경험이 되었다. 하지만 약속된 시간까지 도착하지 않은 사람들이 있어서 답사가 조금 지연된 점이 아쉬웠다. 또 더운 날씨에 걸어 다니는 것에 피로를 느꼈다. 이렇게 더운 날에는 중간에 휴식이 필요할 것 같다. 또 열심히 쫓아가려고 했지만, 선생님의 설명을 다 듣기엔 역부족이었다. 그리고 중간에 핫도그를 먹느라 시간이 너무 많이 소요되었다. 그럼에도 불구하고 좋았던 점이 훨씬 많아서 정말 좋은 추억이 되었다. 다음 답사도 열심히 참여해야겠다.

실제로 답사를 진행하고, 학생들 학생부에 적을 내용은 다음과 같습니다. 추후 답사 인솔 장소에서의 역할을 추가로 보완하여 학생부를 작성할 예정입니다. 그리고 동아리 활동 특기 사항 기재 분량이 넘어갈 경우 자율활동이나 진로활동 특기사항에 쓸 예정입니다.

양림동 답사 학생부 기록

양림동 근대역사문화마을을 답사함(2018. 04. 28.). 추후에 진행될 학생들이 인솔하는 답사를 위해 답사 지점마다 질문을 2가지씩 만듦. 펭귄마을 앞 평화의 소녀상[3] 앞에서 일본군 위안부 피해자 할머니와 국가란 무엇인가에 대해 고민하는 시간을 가짐. 양림동의 대표 랜드마크인 우일선 선교사택에서, 해당 건축물을 보고 스케치 활동을 진행하여 다른 학생들과 공유함.

5.18 자유공원 및 5.18 기록관 답사 학생부 기록

5.18 자유공원과 5.18 민주화운동 기록관을 답사함(2018. 05. 12.). 5.18 자유공원에서는 '5.18 영창 특별전 스물세 개의 방 이야기' 전시회를 관람함. 특히 법정에서 당시 5.18에 참여했던 분들의 생생한 증언을 듣고, 광주광역시가 민주화의 성지가 된 이유를 깨달았으며, 광주광역시민으로서 자랑스러움을 느끼는 계기가 됨. 5.18 민주화운동 기록관에서는 유네스코기록유산으로 지정된 5.18 민주화운동 관련 기록물을 살펴보고, 기록의 중요성을 다시금 깨달았으며, 4.16 세월호 참사에 대한 기록들을 살펴보며 '잊지 않겠습니다'를 재다짐하는 계기를 가짐.

답사 후에는 동아리 시간에 책으로 다시 살펴보는 질문 활동을 진행했습니다. 『양림동을 걷다』라는 책이 있어서, 학교 도서관에 단체 주문을 했지만, 절판되어 받지 못했습니다. 그래서 광주역사문화자원100 상, 하권 PDF 파일에서 양림동과 관련된 부분만 복사해서 학생들에게 나누어 주었습니다. 학생들은 답사 장소당 1개씩 질문과 답을 만드는 활동을 진행했습니다.

---

3) 2017년 8월 14일에는 이곳에 남구 평화의 소녀상이 자리잡았다. 소녀상은 미디어 아티스트 이이남 작가가 맡았다고 한다. 호남 독립운동의 거점이면서 광주 NGO 운동의 출발지인 양림동이 역사적 의미를 지니고 있고, 광주를 대표하는 관광 명소이기도 하기 때문에 이곳에 건립했다고 한다. 다른 지역의 소녀상은 소녀가 의자에 앉아 있고, 옆 의자가 비어 있는 모습으로 제작되었으나 양림동 평화의 소녀상은 이와는 다른 모습이다. 일본군 위안부 피해자의 상징적인 인물인 이옥선 할머니를 실제 모델로 하여 16세의 소녀 시절과 92세인 지금 모습을 그대로 담았다고 한다. 비동시성의 동시성을 통해 좀 더 극적인 효과를 보여 주고 있다.

그림 3-15 스케치 활동의 배경 우일선 선교사택

그림 3-16 스케치 활동 사례

그림 3-17 스케치 활동

그림 3-18 스케치 활동 우수작

그림 3-19 오웬기념각 앞에서

5월 23일 동아리 활동

5교시 양림동 책으로 공부하기

책 읽고 질문 만들기
- 답도 달아야 함

댓글로 달아주세요.
장소 당 질문 1개씩 올려주세요.

댓글 11

 가장 먼저 표정을 남겨주세요.

 김
1.우일선 선교사 사택-우일선 선교사 사택의 의의는
무엇일까?
답: 광주에서 가장 오래된 서양식 주택이다.
2.이장우 가옥-이장우가 설립한 대학교는 무슨
대학교인가? 답:동신대학교
3.정엄-정엄의 개(동개비)가 사망한 이유는
무엇인가? 답: 전주의 강가 다리 밑에서 새끼
9마리를 낳고 한 마리씩 입에 물고 집에 오기던 주

그림 3-20 동아리 밴드

2018년 5월 23일 오후 2:20 · ☺ 표정짓기

 박⬤
우일선 선교사 저택에서 gun room이 있다. 이곳은
어떤 곳이었을까?
- 총을 보관하였던 장소였을것이라는 의견이 있다
수피아여고는 무슨 홀을 건축한 이후부터
수피아여고라고 불리게되었을까?
- 수피아홀
백년이나 된 초등학교는 무엇일까?
-서석초
이장우가옥의 상량문에 적혀진 글은?
- 광무삼년을해이월십일일축시
효자정려비앞에 돌로만든 동물모양의 상이 있는데
이동물은 무엇일까?
- 개
정율성 거리 전시판에서 뭐와 뭐를 통해 정율성의
생애와 활동을 확인할수있을까?
-키오스크와악보
정율성 생가는 어디에 위치해있을까?
-양림동 79번지
조아라기념관은 어디에조성되어있을까?
- 조아라 생전머물던 집터
가을의기도 시비는 무슨모양을 상징화했을까?
-펜촉모양
2018년 5월 23일 오후 2:30 · ☺ 표정짓기

 배

김○○ 학생의 사례

1. 우일선 선교사 사택 – 우일선 선교사 사택의 의의는 무엇일까? 답 광주에서 가장 오래된 서양식 주택이다.

2. 이장우 가옥 – 이장우가 설립한 대학교는 무슨 대학교인가? 답 동신대학교

3. 정엄 – 정엄의 개(동개비)가 사망한 이유는 무엇인가? 답 전주의 강가 다리 밑에서 새끼 9마리를 낳고 한 마리씩 입에 물고 집에 옮기던 중 마지막 한 마리를 물고 오다 집 앞 길가에서 지쳐 숨을 거두었다.

4. 정율성 – 팔로군행진곡은 훗날 어떤 노래로 격상되었는가? 답 중국 인민군 군가

5. 조아라 – 해방 후 그녀는 어떤 단체에서 활동하였는가? 답 YMCA

6. 김현승 – 김현승은 어떤 학교에 입학하여 습작 활동을 하였는가? 답 평양숭실전문학교

7. 수피아여학교 – 커티스메모리얼에서 예배를 드린 사람은 누구인가? 답 유진 벨

8. 서석초등학교 – 서석초등학교가 설립된 계기는 무엇인가? 답 을미개혁의 일환으로 공표된 소학교령 때문에

9. 김남주 – 김남주가 고등학교를 자퇴하고 검정고시를 통해 들어간 학교는 어디인가? 답 전남대학교 영문과

배○○ 학생의 사례

1. 양림역사문화마을 – 양림의 뜻은? 양림은 버드나무 숲으로 덮여 있는 마을이라는 의미이다.

2. 우일선 선교사 사택 – 우일선 선교사가 한 일은? 복음 전파, 질병 치료를 위해 병원장에 취임하였고, 장애가 있는 아이들과 고아들을 위해 고아원 건립하였으며, 한센병 치유에 앞장섰다.

3. 이장우 가옥 – 이장우가 한 일은? 호남 지역 교육 발전에 이바지하였다.

4. 정엄 – 어머니의 병 간호를 어떻게 하였는가? 약을 달이고 변을 맛보며 정성껏 간병하였다.

5. 정율성 – 정율성이 중국으로 건너가게 된 이유는? 의열단에서 활동하던 셋째 형을 따라 중국으로 건너가게 되었다.

6. 조아라 – 6.25 전쟁 이후 생계가 어려워진 여성들과 전쟁 고아들을 보살피기 위해 무엇을 건립하였는가? YMCA 복지사업기관인 성빈여사 건립

7. 김현승 – 다형이라고 불린 이유는? 커피와 차를 즐겼기 때문에

4. 맺음말

학생도 바쁘고, 교사도 바쁩니다. 학생은 체험 활동을 위해 학원이나 과외 일정을 조정해야 하고, 교사는 체험 활동을 인솔하기 위해 주말을 온전히 반납해야 합니다. 현장에서 열정적으로 공부하고, 가르치고, 심지어 답사까지 인솔하는 전국의 지리 선생님들을 응원합니다. 요즘 제 고민은 '알게 되어서 보이는 걸까? 보게 되니 알게 되는 걸까?'입니다. 이분법으로 구분할 수 없음을 알고 있습니다. 하지만 이 질문이 계속해서 저를 사로잡습니다. '지식의 저주'라는 용어가 있습니다.[4]

> 지식의 저주는 자신이 이미 능숙하게 익힌 지식이나 기술을 다른 사람이 처음으로 배우거나 과제를 수행할 때 더 짧은 시간이 걸린다고 생각하는 경향을 가리킵니다. 교사들은 종종 이 착각을 경험합니다. 미적분학을 가르치는 교사는 미적분학이 아주 쉽다고 생각한 나머지 이제 막 배우기 시작해서 끙끙대는 학생들의 입장을 이해하지 못합니다.[4]

교사가 다 안다고 해서 학생이 다 아는 것은 아닙니다. 때때로 반대 상황이 연출되기도 합니다. 매년 같은 곳에 답사를 가지만, 갈 때마다 느낌은 다릅니다. 교사는 계속해서 경험이 쌓여 해당 지역(내용)에 대해 더 잘 알게 되지만, 이곳에 온 학생들은 처음 마주합니다. 스케치도 마찬가지라고 생각합니다. 유치한 활동일 수 있고, 시각 활동에만 의존한다는 비판에 직면할 수도 있습니다. 하지만 우리가 잘 안다고, 학생들도 잘 알지는 않습니다. 교육은 설득의 연속이라는 생각이 자주 드는 요즘입니다.

---

4) 헨리 뢰디거, 마크 맥대니얼, 피터 브라운 저, 김아영 역, 2014, 어떻게 공부할 것인가, 와이즈베리, 153쪽.

지리 빙고[1]

답사를 갈 때 답사 노트를 들고 가서 기록하고 스케치하면 좋지만 사정이 허락하지 않을 때도 있습니다. 그렇다면 지도 선생님은 다음과 같은 미션 활동을 모은 지리 빙고를 제공할 수도 있습니다. 참고해 보세요. 『꼬물꼬물 지도로 새 학교를 찾아라』는 꼭꼭 감추어 놓고 저만 보고 싶은 책이기도 합니다. 저도 이 책을 읽고 지리 동아리 운영을 위한 많은 팁을 얻었습니다. 강력하게 추천합니다.

광주광역시 남구 양림동근대역사문화마을

1 최후의 만찬, 양림에서 예수님 우측 세번째 사람 찾기	2 동개비와 인증샷 찍기	3 우일선 선교사택 5분 스케치
4 로이스 커피에서 아메리카노 마시기	5 이장우 가옥 마루 앉아보기	6 사직 공원 전망대에서 무등산 바라보기
7 펭귄마을 소녀상과 함께 사진 찍기	8 한희원 미술관에서 자기 스타일 그림 앞에서 사진 찍기	9 다형 김현승 시비 앞에서 가을의 기도 낭송하기

1) 이명석, 이윤희, 2016, 꼬물꼬물 지도로 새 학교를 찾아라, 너머학교. 42쪽을 참고하여 필자가 직접 제작함.

답사 인터뷰 윤리

인터뷰는 크게 구조화된 인터뷰, 반구조화된 인터뷰, 비구조화된 인터뷰로 구성됩니다. 구조화된 인터뷰는 선택형, 반구조화된 인터뷰는 단답형, 비구조화된 인터뷰는 논술형 시험이라고 생각하면 쉽게 이해할 수 있을 것입니다. 인터뷰는 철저한 계획 아래에 이루어지는 것입니다. 다음 사항을 참고하여 인터뷰 준비에 힘써 주십시오.

1. 상대에 대해 철저하게 파악해야 합니다. 가령 교수님들에게 갈 때에는 교수님의 최근 연구 주제, 출판물, 논문 등을 읽고, 어떤 부분을 질문할지를 꼭 미리 생각하여 정리해서 가야 합니다.
2. 사전에 약속을 구해야 합니다. 이메일로 공식적으로 연락을 드리도록 하며, 문자나 전화로 연락드려도 좋습니다. 이메일로 연락드릴 때에는 어떤 부분에 대해 인터뷰를 할 계획인지를 A4 반쪽 이내로 요약해서 전달하면 좋습니다. 문자나 전화로 연락드릴 때에는 먼저 안부를 묻고, 인터뷰 내용에 대한 개관을 말씀드리면 됩니다.
3. 녹음이나 동영상 촬영을 할 때에는 반드시 사전에 동의를 구해야 합니다. 기본적인 연구 윤리입니다.

여러분은 인터뷰 스타일을 정한 후, 인터뷰 질문지를 대략적으로 만들어 가면 좋습니다. 자신이 생각하는 발표 주제에 맞추어 대략적인 질문과 함께 세부 질문을 구성하세요. 세부 질문은 여러분들이 창의적으로 잡기 바랍니다. 인터뷰는 자유롭게 이루어지는 것이 아닙니다. 철저한 계획으로 나의 연구 및 발표에 필요한 자료를 정보 제공자에게 공식적으로 얻는 행위입니다.

제4부

생각을 키우는 글쓰기와
독서 연계 수업

최근 『대학에 가는 AI vs 교과서를 못 읽는 아이들』[1]이라는 책을 읽었습니다. 이 책을 읽고 나서 AI에 대해 막연히 가지고 있던 생각을 정리할 수 있었습니다. 현재까지 AI는 거대한 계산기라는 점을 새삼 인식하게 되었습니다. 이 책을 읽으면서 교사와 번역가가 AI로 대체되려면 아직 많은 시간이 걸릴 것이라는 확신을 가지게 되었습니다. 매뉴얼화할 수 있는 일은 AI로 대체되기 쉽습니다. 그러나 학교 현장에서 학생들은 어떤가요? 늘 매뉴얼을 뛰어넘는 행동을 합니다. 아직까지 많은 분들이 교사는 수업만 하면 된다고 생각하는데요. 교사는 수업, 상담, 생활 지도, 학교 폭력 해결, 학부모 민원 해결 등 수많은 일을 해야 합니다. 다행스럽게도 이러한 일들은 AI로 대체되기 어려울 것 같습니다.

　또한 번역가 한 사람을 길러 내기 위해서는 엄청난 투자가 필요합니다. 번역가가 그동안 공부해 온 해당 언어와 그 배경 지식은 파파고, 구글 번역기 등의 번역과는 엄청난 차이가 납니다. 능력 있는 번역가들의 대우를 올려야 우리나라 학계와 일반인들의 지적 수준이 더 높아질 것으로 확신합니다. 이러한 주장은 박상익 교수님이 쓰신 『번역청을 설립하라(2018, 유유)』와 맥락이 비슷합니다. 2019년 7월 21일에 SBS스페셜에서 〈난독 시대, 책 한번 읽어 볼까〉를 방송했습니다. 이 프로그램에도 책 읽기 어려워하는 사람들, 그리고 문해력이 떨어지는 학생들이 나옵니다. 2015 개정교육과정에서는 국어과 핵심 활동으로 '한 학기에 한 권 읽기'가 도입되었고, 이와

---

1) 아라이 노리코 저, 김정환 역, 2011, 대학에 가는 AI VS 교과서를 못 읽는 아이들, 해냄.

관련되어 다양한 책들이 출판되었습니다. 한 학기에 한 권 읽기의 목표는 평생 독자의 양성이라고 합니다. 저는 각 교과별로 한 학기에 한 권 읽기 활동을 할 것을 제안합니다.

1. 지리 독서 연계 수업의 실제

책을 읽는 이유는 무엇일까요? 물론 책을 읽는 데에는 다양한 이유가 있습니다만 학생들이 책을 읽도록 하는 것은 생각을 키우기 위해서입니다. 스스로 생각의 씨앗을 얻기 위해 책을 읽는 것입니다. 저는 지리 교과 수업에서 활용할 수 있는 몇 가지 사례를 제안하기 위해 책을 읽는 목적을 지식 획득과 생각 키우기로 한정하도록 하겠습니다.

가. 진로와 연계된 책 읽기

경제·경영학과 진로를 희망하는 학생에게는 코너 우드먼의 『나는 세계일주로 자본주의를 만났다(2012, 갤리온)』와 같은 책을 추천해 주고, 본 수업 시간, 방과후 수업 시간, 동아리 시간 등에 발제를 시킵니다. 이때 각 진로에 맞는 지리향이 나는 도서를 교사가 알고 있는 것이 중요합니다(사실 지리 종사자가 쓴 책이 아닐 수도 있습니다.). 진로에 맞게 추천해 줄 필요가 있는 것이라서요. 진로가 특화되어 있지 않다면 조영태 교수의 『정해진 미래(2016, 북스톤)』를 추천해 주기도 합니다. 인구와 관련 없는 진로는 찾아보기 힘들기 때문입니다. 제가 어느 연수를 가든, 독서 연계 수업 후기를 말씀드릴 때에는 단 한 권의 책을 추천합니다. 바로 『함께 읽기는 힘이 세다』[2]입니다. 이 책을 읽고 독서 연계 수업을 진행해야겠다고 다짐을 했고, 지리과 독서 연계 수업 사례집을 책으로 묶어서 내야겠다고 생각한 적도 있습니다. 이 책의 대표 저자 송승훈 선생님이 『나의 책 읽기 수업(2019, 나무연필)』이라는 책을 출간했습니다. 아직 리뷰를 쓰려고 메모만 해 두었는데, 독서 연계 수업의 바이블이 나왔다고 생각합니다. 물론 각 교과의 특성을 다

---

[2] 경기도 중등독서교육연구회, 송승훈 외 저, 2014, 함께 읽기는 힘이 세다, 서해문집.

담기에, 그리고 각 교사의 개별 장점을 담기에는 무리가 있지만, 개론 성격의 책으로는 단연 최고라고 생각합니다. 그리고 한 명의 교사와 학생들 사이에 일어날 수 있는 일들, 그리고 그에 대한 송승훈 선생님의 생각을 알 수 있어서 정말 좋았습니다. 읽는 내내 형광펜을 떼지 못할 때가 많았습니다. 강력 추천합니다.

독서 연계 수업을 위해 여러 책을 시도했습니다. 기억나는 책으로는『총, 균, 쇠』,『빈곤의 연대기』,『일곱 가지 상품으로 읽는 종횡무진 세계지리』,『사방팔방 지식 특강』,『지리 창문을 열면』,『훔볼트의 대륙』,『자연의 발명』등이 있습니다. 학생들의 수준이 어느 정도 된다면『총, 균, 쇠』나『빈곤의 연대기』를 학생들이 챕터별로 나누어 읽고 발제를 시키면 됩니다. 발제를 하게 될 때 자기 챕터만 준비하는 일을 없애기 위해 저는 포스트잇 질문법을 썼습니다. 저는 방과후 수업 시간이 8, 9교시 연강일 때 이 수업 방식을 활용했습니다. 동아리도 대체로 연강이기에 가능하다고 생각합니다. 먼저 발제자를 순서대로 뽑습니다. 그리고 8교시에는 학생들에게 책을 읽도록 합니다. 학생들은 워낙 바빠서 평상시에 책을 읽을 시간이 없습니다. 학생들에게 책을 그냥 읽으라고 하면 멍때리고 있거나 자는 경우도 있습니다. 그래서 저는 학생들에게 1인당 2개씩 포스트잇을 나누어 주었습니다. 그리고 그 포스트잇 1개당 질문을 하나씩 쓰게 하였습니다(꼭 한 장에 1개씩). 학생들은 쉬는 시간에 칠판에 자신이 적은 포스트잇을 붙입니다. 그리고 그날 해당 주제 발제자는 자기의 의도대로 포스트잇을 옮겨 붙인 후 범주화합니다. 그룹으로 묶은 포스트잇들에게는 그룹 이름을 붙여 줍니다(이 부분도 굉장히 중요한 과정이라고 생각합니다). 그리고 발제자가 발표합니다.

발제자가 준비한 내용과 책 제목, 그리고 발표 퍼포먼스를 메모해 교과세특에 적어 주었습니다. 대부분 학교에서 동아리는 연강으로 진행되므로 이 방법을 적용하시는 것도 가능할 것이라고 생각합니다. 사실 불과 몇 년 사이『총, 균, 쇠』를 읽고 소화할 수 있는 학생들이 부쩍 줄었습니다. 게다가『빈곤의 연대기』도 이해하기 어려워하는 학생들이 많습니다. 배경 지식이 풍부해야 이해할 수 있는데 배경 지식이 부족한 학생이 늘어나면서 수준 높은 책을 고르기가 어려워졌습니다.『자연의 발명』이나『훔볼트의 대륙』을 방과후 수업에 활용하면서도 많이 느꼈습니다. 물론『훔볼트의 대륙』은 번역이 유려하지 않습니다. 그래서 이번 전지모에서 발행하는 지리책 추천 목록에서 제외했습니다. 얇다고 잘 읽히는 것이 아닙니다. 전공자들이 번역하지 않았거나 꼼꼼하게 감수하지 않았을 때, 언어만 잘했을 때 나타날 수 있는 문제점을『훔볼트의 대륙』은

수업 콘서트

가지고 있었습니다. 또한 일부 책이 갈라져 뜯어졌다는 출판사에 클레임을 냈는데, 대처도 그리 인상적이지 않았습니다. ○○문화사가 대형 출판사여서 그런지 모르겠지만요.

나. 일방적 설명(특강)

　두 번째는 일방적 설명(특강)입니다. 앞에서 언급했던 『총, 균, 쇠』와 함께 챕터별로 나누어 학생들에게 설명해 주었던 다른 한 책이 있습니다. 제목이 『분노의 지리학』이라는 책이었는데 개정판이 번역될 때에는 『왜 지금 지리학인가』라고 책 제목이 바뀌었습니다. 교사는 수업을 준비합니다. 이때 내용을 구조화하고, 자기 말로 풀어 내는 연습을 합니다. 결국 교사는 계속해서 똑똑해집니다. 학생들에게 특강 형식으로 수업을 제공하려면, 기본적으로 학생들이 이 책을 읽고 올 정도의 소양이 있어야 합니다. 특강을 들을 때 인센티브가 있어야 합니다. 가령 저자와의 대화 참석, 학생부 기록 등이 해당합니다. 특정 활동의 인센티브로 특강을 들을 수 있게 해 준다면 학생들이 책을 열심히 읽어오게 됩니다. 책을 읽어야만 특강에 참석할 수밖에 없으니까요. 책 내용이 쉽지 않으므로 교사도 아주 꼼꼼하게 읽고 스토리 라인을 잡아야 합니다. 학생들이 책을 모두 읽어온다면, 질문 중심으로 강연을 준비해도 좋습니다. 이런 학생들을 언제쯤 가르칠 수 있을까요?

다. 책 내용을 심화하여 발표하기

　『박대훈의 사방팔방 지식특강』이라는 책을 활용한 방법입니다. 일반고라면 이 방법을 강력 추천합니다. 이 책에는 정말로 다양한 지리 주제들이 담겨 있습니다. 따라서 이 책을 학생들 수에 맞게 구매하거나 학생들에게 전부 사오라고 하여 학생들이 목차와 대략의 내용을 훑어본 다음 발표하고 싶은 챕터를 고르라고 합니다. 한 챕터가 5쪽 이내라 부담도 없습니다. 이 책의 발표 콘셉트는 책 내용을 요약 발제하는 것이 아니라 발표 아이디어만 책에서 찾아 내어 더 깊게 탐구하는 것입니다. 이때 책을 읽고 실제 자신과 현실에 적용하여 발표하는 것이 중요합니다.

　또한 해당 내용을 추가로 조사하고, 연구할 때 반드시 다른 참고 문헌을 첨부해야 한다고 안내합니다. 그러면 지리적 관점을 보다 폭넓고 깊게 조사할 수 있고, 진로와 연계시키면 생기부 내용도 당연히 풍성해집니다. 풍암고에 있을 때 학생 2명이 1모둠으로 발표를 진행했던 적이 있습니다. 이 학생들은 300~303쪽을 읽고, 내용을 재구성하여 발표를 했습니다. PPT도 깔끔했고, 내용도 완벽하게 정리했으며, 현실에도 잘 적용했습니다. 발표가 참 인상적이어서 여러 연수 자리에서 이 PPT를 보여드렸습니다. 이 발표에서 좋았던 점은 현장성이었습니다. 자신이 책에서 배웠던 내용이 나와 관련이 있는지, 일상에서 볼 수 있는 것인지를 탐구한 모습이 돋보였습니다(아주 훌륭했던 이 두 학생은 현재 모두 광주교대에 재학 중입니다.). 지리에서 특히 다른 교과와 차별화해서 강점으로 보일 수 있는 부분이기도 합니다. 진로와 상관없어도 탐구하는 모습은 높이 평가받을 만합니다.

2. 독서 연계 수업 교과세특 공유

2016학년도 예시

방과후학교 〈풍암 후마니타스〉에 참여하여 '마르크스의 자본, 판도라 상자를 열다(강신준)'를 읽음. 열심히 일해도 많은 돈을 버는 것은 자본가들이며, 노동자들은 시간이 지날수록 가난해진다는 사실을 깨닫게 되면서 일한 만큼 부유해지는 사회가 되기를 희망하게 됨. '우리 봉급은 왜 이리 적을까'라는 부분을 발표하면서 자본가들이 노동자들을 어떻게 착취하여 돈을 벌게 되는지를 알게 됨.

방과후학교 〈풍암 후마니타스〉에 참여하여 '집에 들어온 인문학(서윤영)'을 읽음. 미셸 푸코의 논의를 바탕으로 '감시의 건축'이라는 주제로 발표함. 시각을 기준으로 고대와 중세 시대를 각각 구경의 시대, 감시의 시대로 나누었고, 교도소, 학교, 병원 등의 원형이 판옵티콘이라는 점을 알아냄. 더불어 현대 사회는 판옵티콘 원칙과 국가의 일방적 감시와 대중의 권력에 대한 감시가 동시에 이루어진다는 뜻의 시놉티콘 원리가 함께 결합되어 나타난다고 발표함.

독서 연계 수업에서 '행복의 지도(에릭 와이너)'를 읽고, 글쓰기 활동을 함. '빈곤의 연대기(박선미, 김희순)' '9장 민영화, 이게 최선입니까'를 발표함(2017. 09. 05.). 신자유주의와 민영화에 초점을 맞추어 발표함. 친구와 함께 하는 발표에서 많은 독서량을 기초로 하여 함께 탐구하는 모습을 보여 줌. 대인 관계 능력과 리더십을 함양하는 기회를 가짐. '종횡무진 세계지리(조철기)'를 읽고, '5장 공, 누군가에겐 기쁨, 누군가에게는 악몽'을 발표함(2017. 11. 21.). 공의 상품 사슬을 통해 우리와 전 세계가 연결되어 있다는 측면을 강조함. 오직 하나뿐인 지도 수업에서 '미국'의 지역성을 살려 지도를 만드는 활동에 참여함.

지리TED 발표 주제를 '다국적기업이 개발도상국에 미치는 영향'으로 정해 발표함(2017. 04. 25.). 다국적기업이 투자 유치국에 미치는 긍정적 영향에 초점을 둔 발표를 진행함. 독서 연계 수업인 '빈곤의 연대기(박선미, 김희순)' 1장 '가난한 나라는 부유해질 수 있을까'를 발표함(2017. 05. 23.). 다국적기업과 세계화에 대한 내용을 다시 학습함으로써 스스로 다국적기업의 긍정적, 부정적 영향을 균형 있게 다루는 계기가 됨. 특정 사실과 현상을 균형 있는 시각으로 바라볼 필요가 있다는 점을 두 발표를 통해 경험함. 또한 '펑키 동남아(김이재)'를 읽고, 글쓰기 활동을 함.

진지TED 발표에서 경영 컨설턴트를 진로로 희망하여 '공정 무역은 꼭 해야 하는가'를 주제로 발표함(2018. 05. 09.). '나는 세계일주로 자본주의를 만났다(코너 우드먼)'를 읽고, 자료를 찾음. 공정 무역이 개발도상국을 돕기 위해 만들어졌지만, 아직까지 많은 문제점을 담고 있다고 비판함. 특히 대기업의 이미지 세탁을 위한 공정 무역의 활용 측면에 강하게 문제를 제기함.

3. 마치는 글

『트렌드 코리아 2019』에서 말하는 여러 트렌드를 교과, 동아리 등에 접목하는 활동을 제안합니다. 최근 미세먼지나 플라스틱 문제 등이 굉장히 심각하여 사회적 현안으로 급부상하고 있습니다. 전지모에서 2019년에 주최한 제4회 지리책읽기대회의 주제도 환경이었습니다. 환경과 진로를 연계하여 책을 읽고, 동아리 시간에 발표하는 활동을 추천합니다. 여기서 책 내용만 언급하면 재미가 없으니, 아이디어를 얻은 다음 신문이나 TV 뉴스 등을 통해 세상을 좀 더 넓게 보라고 지도를 해 주시면 좋겠습니다. 그리고 꼭 질문 거리를 만들었으면 좋겠습니다. "미세먼지는 정말 최근에 심해진 것인가? 과거에는 미세먼지가 없었나?" 카드 뉴스도 만들어 보고, UCC를 만들어 보는 활동도 가능합니다. 독

그림 4-1
독서 연계 지리 수업

서로 할 수 있는 활동은 무궁무진합니다. 그리고 '최선을 다하는 지리 선생님 모임(최지선)'에서 함께하고 있는 능력자 구미여고 윤창호 선생님의 사례를 소개합니다(그림 4-1 QR코드 참고). 수행평가 공지까지 꼼꼼하게 신경써 주면 이와 같은 작품이 나옵니다. 처음 이 작품을 보고 소름이 돋았던 것이 아직도 생각납니다. 학생들이 정말 역량이 뛰어나다는 것을 이 작품을 보면서 알게 되었습니다. 윤창호 선생님처럼 가이드라인을 확실하게 제공하면, 학생들이 서평을 쓸 때에도 "좋았다", "나빴다", "불쌍하다" 등 일차원적 접근에서 벗어날 수 있습니다. 그러면 교과세특이나 동아리세특을 쓰기에도 훨씬 내용이 풍성해집니다.

경제, 경영을 전공하고 싶은 학생들은 『경제는 지리』를 참고하여 활동하면 좋을 듯합니다. 일본 학원 1타 지리 강사가 쓴 이 책은 PPT 강의안을 담고 있고, 다양한 주제를 다루고 있습니다. 그러니 자신이 원하는 주제를 정하고, 그 주제를 더 깊고 넓게 연구한 다음 발표하면 학생부 기록이 풍성해질 것이라고 생각합니다.

단지 학생부 기록을 위한 수업이 아니라, 학생들의 생각을 키우는 독서 수업이 되길 진심으로 바랍니다. 상위 20% 학생들은 문해력을 갖추고 있지만, 그 외 학생들은 그에 맞는 문해력을 갖추고 있지 못합니다. 추후 부족한 인구로 AI와 함께 살아가야 할 우리의 제자들과 자녀들을 위해서는 문해력이 가장 필요한 역량이라고 생각합니다. 독서 연계 수업도 일단 한번 시도해 본 후, 추후 보완을 하면 어떨까요? 선 실천, 후 이해가 중요합니다.[3]

---

3) QR코드로 접속이 어려우신 분들을 위해 사이트를 남깁니다. 제 블로그(http://blog.naver.com/coolstd)에 접속하여 검색창에 '독서 연계 지리'를 검색해도 되고, 바로 https://blog.naver.com/coolstd/221485048730을 주소창에 입력해도 됩니다.

이런 서평(영화평)은 쓰지 말자.

– 학생들이 좋은 서평(영화평)을 쓰는 방법 –

1. 들어가는 글

제가 초등학생 때에는 매년 국군의 날에 위문편지를 보냈습니다. 사실 그때는 초등학교가 아니라 국민학교였지요. 요즘 학생들은 10월 1일이 국군의 날인지 알지 모르겠습니다. 당시만 해도 10월 1일 국군의 날, 10월 3일 개천절, 10월 9일 한글날이 모두 휴일이어서 추석마저 10월에 있으면 환상의 10월을 보냈던 것 같습니다. 대부분 초등학생들은 위문편지를 다음과 같이 썼습니다.

"국군 아저씨! 안녕하세요. 저는 ○○초등학교 3학년 1반 서태동이에요. 이렇게 편지를 쓰는 이유는 담임 선생님이 쓰라고 했기 때문이에요."

아마 10명 중 8명은 이렇게 시작했던 것 같습니다. 사실 당시 저는 위문편지를 쓰라는 말을 듣고 그대로 행했을 뿐이지, 어떻게 써야 하는지 정식으로 배워 본 적이 없었습니다. 저뿐만 아니라 당시의 그 누구도 그랬을 것 같습니다.

전지모에서 주최한 제2회 지리책읽기대회에 우리 학교 학생들이 많이 참여했습니다. 사실 2학기 수행평가와 연동이 되기 때문에 학생들은 거의 반강제적(?)으로 참여할 수밖에 없었습니다. 그때 학생들이 쓴 서평을 보며 제가 초등학생 때 국군 아저씨께 보냈던 위문편지가 생각났습니다. 서평은 대부분은 이렇게 시작했습니다.

"2학기 세계지리 수행평가 중 나는 서평을 써야 해서 책을 선택해야 했는데 처음에는 '열다섯 살에 떠나는 세계일주'라는 책을 골랐다."

설령 수행평가 때문에 읽은 것이 사실이라고 하더라도 대놓고 이렇게 쓰지는 말아야 합니다. 이 책 제목이 준 느낌, 표지 그림이나 소개글, 한번 쭉 훑어본 느낌 등을 시작으로 글을 써야 합니다. 특히 글의 첫 시작은 인상적이어야 합니다. 많은 소설의 첫 문장은 짧지만, 강렬합니다.

"모든 행복한 가정은 다 비슷한 모양새지만, 불행한 가정은 제각각 불행의 이유가 다르다."
— 『안나 카레니나』의 첫 문장

"국경의 긴 터널을 빠져나오자, 설국이었다." — 『설국』의 첫 문장

소설의 첫 문장과 그 느낌을 담은 책도 있습니다. 문장 교정을 하다 깔끔한 글쓰기를 가르치는 '김정선'님의 책입니다. 소설뿐만 아니라 자기소개서를 쓸 때에도 첫 문장을 신경 써야 합니다. 역시나 시작이 반입니다. 인상적인 첫 문장으로 시작하고, 글을 맺을 때 그 첫 문장과 대응이 이루어질 수 있도록 해야 합니다. 학생들이 쓴 서평이나 영화평의 시작 부분에서 다시는 그 옛날의 위문편지를 보지 않았으면 좋겠다는 생각으로 이 글을 씁니다.

2. 정확한 과녁이 필요하다.

책을 읽는 목적은 사람마다 다릅니다. 정보 획득, 심심풀이, 감정 이입, 숙제, 시간 보내기 등 다양합니다. 제 경우에는 주로 정보 획득 목적으로 책을 많이 읽습니다. 따라서 분야도 지리, 교육, 글쓰기에 한정됩니다. 수업 컨설팅이나 교사 대상 연수를 위해서 교육과 관련된 책을 읽고, 그 책의 내용을 바탕으로 강의 내용을 구성합니다. 때로는 읽고 좋았던 책을 강의에서 추천하기도 합니다. 저는 주로 이런 목적으로 책을 읽습니다.

학생들이 책을 읽는 목적은 무엇일까요? 위에서 제시한 것처럼 다양한 목적이 있을 것입니다. 하지만 여기서는 서평(영화평)에 한정하여 이야기해 보도록 하겠습니다. 서평을 쓰기 위해서는 '서평 쓰기를 위해' 책을 읽어야 합니다. 막연하게 책의 흐름을 따라 읽다 보면 서평을 쓰기 어렵습니다. 저는 대체로 책을 읽을 때 목차를 외우고 보려고 노력합니다. 목차는 저자가 만들어놓은 생각의 틀입니다. 저자는 이 책을 통해 생각의 흐름을 이러한 방향으로 가려고 한다는 나침반을 주는 것입니다. 길을 찾아가다 자신이 어디로 가고 있는지 모르면 불안하듯, 자신이

어느 부분을 읽고 있는지 모르고 헤맨다면 불안할 수밖에 없습니다. 그래서 목차를 최대한 읽어서 머릿속으로 저자는 어떤 식으로 글을 진행할까 생각해 보고 책을 읽는 것이 중요합니다. 저는 책 표지를 넘기고, 목차를 한참 동안 보고 난 후에 책을 읽기 시작해서 본문으로 들어갑니다. 즉 본격적인 책읽기를 위해 예열 작업을 비교적 오래 하는 편입니다.

활을 쏘기 위해서는 과녁이 있어야 합니다. 지금 책을 읽는 목적은 서평을 쓰기 위해서입니다. 『1만 권 독서법』이라는 책을 쓴 인나미 아쓰시도 비슷한 말을 했습니다. 인나미 아쓰시는 월 60권 정도의 서평을 기고하는 서평 전문 칼럼니스트입니다. 따라서 실질적으로 한 달에 60권 이상의 책을 읽습니다. 제 생각에 인나미 아쓰시가 그런 속도로 책을 읽는 이유는 서평을 써야 하기 때문입니다. 책을 읽는 목적을 분명히 해야 합니다. 어차피 책을 읽는다고 그 내용이 전부 기억에 남는 것도 아닙니다. 책을 덮고 며칠 아니 몇 시간만 지나도 내용의 대부분은 기억이 나지 않고, 인상적이었던 부분만 남게 됩니다. 그것도 자신의 기억과 합쳐져 말입니다. 정확한 과녁이 있어야 합니다. 우리의 목적은 서평 쓰기입니다.

3. 서평 쉽게 쓰는 방법

서평을 쉽게 쓰는 방법이 세상 어디에 있을까 싶지만, 지금까지 오랜 기간 책을 읽어 왔고, 여러 곳에 글을 쓰면서 생긴 나름의 노하우를 학생들이 이용할 수 있도록 제시해 보려고 합니다.

서평
책에서 나에게 울림이 있었던 쪽 찾기 – 3개
책에서 나에게 울림이 있었던 문단 찾기 – 3개
책에서 나에게 울림이 있었던 문장 찾기 – 3개

영화평
인상적이었던 장면 찾기 – 3개
인상적이었던 대사 찾기 – 3개

책을 읽는 과정은 저자와 나의 대화입니다. 그리고 대화는 관계 맺음입니다. 우리는 책을 읽으면서 자신의 생각과 일치하는 부분과도 마주하게 되고, 반대되는 부분과도 마주하게 됩니다. 그럴 때마다 울림이 생깁니다. 그 울림을 잡아 내야 합니다. 위에서처럼 문장, 문단, 쪽에서 3개씩만 찾아봅니다. 그래서 책에 형광펜으로 칠하든지, 포스트잇을 붙여 표시하든지. 책에 낙서하듯 쓰든지 하여 자신이 알아볼 수 있도록 표기합니다. 그리고 그 울림이 잊혀지기 전에 자신의 생각을 써 보도록 합니다. 이때 내가 표시한 부분이 나와 무슨 관계(내 경험, 생각, 기분 등)가 있는지를 쓰도록 합니다.

이번에 읽었던 책이 아니더라도 다른 책의 내용을 인용해서 적을 수도 있습니다. 독서량이 많은 학생이라면 권장하는 방법입니다. 인용할 때에는 책의 본문을 그대로 옮기지 않도록 합니다. 책 내용이 나의 삶과 생각에 어떠한 조응을 이루는지, 어떠한 관계를 맺는지, 그래서 어떠한 변화가 이루어졌는지에 초점을 맞추어 쓰도록 합니다. 인용문과 지금 자신이 읽은 책이 자신의 생각을 어떻게 키웠는지에 초점을 맞추도록 합니다.

글쓰기는 논리적이고 체계적인 사고 능력, 표현력, 문장력과 어휘력, 상식과 전문 지식 등을 기초로 하는 종합적인 자기표현능력이라고 할 수 있습니다.[1] 결국 서평이나 영화평을 과제로 내는 교사의 의도는 학생들이 이와 같은 역량을 키우기 위한 바람입니다.

또한 글쓰기는 핵심 질문을 던지고 그에 대한 답을 찾아가는 과정이며, 궁극적으로는 스스로 생각하는 힘을 기르기 위한 것입니다. 서평을 쓰기 위해 책을 읽는 동안 아무 생각(질문) 없이 읽었다면 글을 완성하기가 쉽지 않습니다. 『세인트존스의 고전 100권 공부법』을 쓴 조한별은 다음과 같이 말합니다.

책을 읽고 나서도 아무것도 모르겠다는 말은 무책임하고 게으른 말이다. 몸의 게으름이 아닌 생각의 게으름에서 나오는 말인 것이다.[2]

목적을 분명히 하고, 집중해 보도록 합니다. 수업 시간에도 집중하다 보면 수업을 마치는 종이 쳤을 때 "벌써 수업이 끝났네"라고 말하게 됩니다. 이것은 수업 시간 동안 몰입된 상태에 머물렀

---

1) 김해식, 2011, 글쓰기 특강, 파라북스, 6쪽.
2) 조한별, 2016, 세인트존스의 고전 100권 공부법, 바다출판사, 53쪽

기 때문에 나타난 현상입니다. 서평을 쓰기 위한 책에 집중하게 되면 세상의 많은 것들이 그 책과 관련된 것처럼 보이게 됩니다. 교육심리학에서는 이를 '선택적 주의 집중'이라고 부릅니다. 이 자체만으로도 매우 큰 경험입니다.

　어차피 어려운 책이라면 내용 모두를 이해할 수는 없습니다. 저자의 나이, 학력, 생각의 폭 등을 지금의 내가 모두 따라잡기란 쉽지 않기 때문입니다. 하지만 그 책을 읽으면서 내 생각을 키워나갈 수 있는 실마리를 잡는다면 그것만으로도 책을 읽은 시간과 노력이 아깝지 않습니다. 어차피 책의 내용도 독자 스스로에 의해 재구성됩니다. 헤라클레이토스는 "같은 강물에 두 번 발을 담글 수 없다."라는 유명한 말을 남겼습니다. 우리는 같은 강에 발을 담그더라도 흐르는 물은 늘 다릅니다. 지금 그 책을 읽을 때, 나중에 읽을 때, 그리고 내가 아닌 다른 친구가 그 책을 읽을 때 물리적인 책은 같지만 책이 나에게 주는 의미, 책을 읽을 때의 내 생각은 모두 다를 수밖에 없습니다. 따라서 책을 읽는 것은 흐르는 강물에 내 발을 담그는 것과 같습니다. 그러니까 발을 담그고 있는 그 모습에만 집중하도록 합니다. 그리하여 내가 책을 읽는 동안 무엇을 얻었는가에 집중하고, 그 내용을 서평으로 풀어 쓰도록 합니다.

4. 글을 마무리할 때에는

　글을 쓰고 나면 소리 내서 읽어 봅니다. 문장을 지나치게 길게 쓰지는 않았는지, 불필요한 접속사를 쓰지는 않았는지 확인합니다. 소리 내서 읽었을 때 잘 읽히는 문장이 좋은 글입니다. 그리고 글을 쓰는 사람은 독자에게 예의를 다해야 합니다. 최소한 한글 프로그램에서 맞춤법 검사를 하거나, 한국어 맞춤법–문법 검사기 사이트를 이용하여 점검합니다.

　최근에는 과제 결과물을 이메일로 제출하는 경우가 잦습니다. 앞으로도 학생들은 이메일을 더 많이 이용할 것입니다. 이메일을 보낼 대상이 후배나 친구일 수도 있겠지만, 자신보다 나이가 많거나 직위가 높은 사람에게 이메일을 보내야 할 수도 있습니다. 그래서 간단하게 이메일 보내는 법을 말하려고 합니다. 이런 것도 따로 가르쳐 주는 곳이 없습니다. 저는 전남대학교에서 3학년을 대상으로 이와 비슷한 내용으로 강의를 한 적이 있습니다.

　수행평가 과제를 이메일로 여러 번 받아 본 교사의 입장에서는 이메일 제목에 학번과 이름,

보낸 목적이 한 줄로 들어가면 누가 어떠한 목적으로 보냈는지 바로 알 수 있으므로 편합니다. 서평 결과물을 제출하는 것이라면 "2501 서태동_수능 대신 세계일주 서평 제출" 정도 제목이면 적절할 것 같습니다. 항상 어떻게 하면 이메일을 받는 사람이 더 편할지를 생각하도록 합니다. 작은 배려는 여기서부터 시작합니다. 할 말이 없더라도 본문에 점 하나만 찍고 보내지는 않도록 합니다. 평소에 하고 싶었던 말을 3줄 정도 하거나, 아니면 과제를 제출한다는 내용 정도는 서술해야 합니다. 첨부 파일이 있으면 파일명도 제목과 같이 맞추도록 합니다.

한글 문서를 작업할 때에는 쪽 단속을 해야 합니다. 여기서 쪽 단속이란 본문의 내용은 1쪽 밖에 없는데, 여백이 2, 3쪽까지 잡혀 있어 인쇄할 때 백지가 여러 장 나오는 상황을 막아 보자는 의미로 제가 만든 말입니다. 꼬리를 만들어서는 안되고, 문은 늘 닫고 들어와야 아름다운 법입니다. 자간도 고려하면 좋긴 하지만, 교사가 그 부분까지 학생에게 기대하지는 않을 것 같아 이 정도에서 정리하려고 합니다.

5. 마치는 글

이 글을 쓴 목적은 학생들이 서평이나 영화평을 쓸 때 겪는 어려움을 조금이나마 덜게 하기 위해서입니다. 아직 이 글을 학생들에게 읽혀 보지 않아 본 목적을 달성했는지 정확하게 알 수는 없습니다. 하지만 저도 어디서 배운 적이 없고, 학생들도 배운 적이 없다고 들어서 쓴 글이므로 서평이나 영화평을 쓸 때 꼭 도움이 되면 좋겠습니다. 영화평에 대한 글은 별도로 쓸 여유가 없어 서평 쓰는 법으로 대체합니다. 책을 읽고 글을 쓰는 것이나, 영화를 보고 글을 쓰는 과정은 매우 유사합니다. 결국 글쓰기는 나 자신에 대해 쓰는 것입니다.

학생들에게 드리는 지리 서평 쓰는 법

누구나 말을 하고 글을 씁니다. 말을 잘하기도 어렵지만, 글을 잘 쓰는 것은 훨씬 더 어렵습니다. 저는 여러분이 글을 잘 썼으면 좋겠습니다. 저는 고등학교 2학년 때 쓴 소풍 감상문이 우수작으로 선정되어 겨우 한 번 상을 받은 적이 있습니다. 당시에도 글을 잘 썼다기보다는 내용이 선생님을 비판하는 것이어서 오히려 선생님 눈에 들었던 것 같습니다.

예전에 석사 논문을 쓸 때에는 글쓰기에 대한 열등감에 빠지기도 했습니다. 현재 저는 몇 권의 번역서와 책을 내기도 했지만, 아직도 학술적 글쓰기보다는 지금과 같은 글을 쓰는 것이 더 편합니다.

글을 쓸 때, 아니 어떠한 일을 시작할 때에는 항상 목적이 중요합니다.

"선생님은 이 과제를 왜 내 주었을까?"

"글을 쓰라고 한 목적이 무엇일까?"

즉 시험으로 바꿔 말하면, 출제자의 의도를 파악해야 한다는 것입니다. 서평, 특히 지리 서평을 왜 쓰라고 할까요? 제 생각에 서평과 독후감은 큰 차이가 없다고 생각합니다. 물론 서평의 마지막 부분에는 책에서 아쉬웠던 점이나, 이 책을 나중에 누가 읽었으면 좋겠다는 등의 내용이 들어가야 한다고 생각합니다. 그리고 장 요약이나 책 요약은 하지 않았으면 좋겠습니다.

제가 생각하는 가장 이상적인 지리 서평 쓰는 방법을 공개하겠습니다. 지리 서평은 지리 책을 여러분 나름대로 소화한 다음 자기 자신의 생각을 재료로 글을 쓰는 것입니다. 그러니까 책 내용을 모두 이해한 후, 그 눈으로 세상을 바라보았을 때 드는 생각을 글로 써야 합니다. 책에 있는 내용이 아니라 현실을 통찰력 있게 바라볼 수 있는 자신의 눈, 그 눈으로 바라보는 이야기를 풀어 달라는 것이지요. 말처럼 쉽지는 않습니다. 저 또한 고등학생 때와 대학생 때에는 그런 서평을 쓰지 못했습니다. 하지만 이상은 높게 가져야 한다고 생각합니다.

이제 좀 더 현실적인 방법을 찾아보겠습니다. 제가 아주 좋아하는 책 『나의 책 읽기 수업』[1])에서 제시한 서평 쓰기 관련 내용을 옮겨 봅니다.

> - 1단계: A4 종이 한 장에 책에서 나온 중요한 내용 다섯 가지를 골라 각각 세 줄씩 옮겨 적어 보자. → 1차원적인 과정으로, 책 속에서 기본적인 내용(지식과 정보)을 정리하는 시간
> - 2단계: 종이 한 장에 책과 관련된 세상 일(평소에 접한 영화, 드라마, 뉴스 가운데 비슷한 일)을 세 가지 고른 후 각각 네 줄씩 설명을 쓴다. 신문이나 텔레비전, 인터넷 등에서 보고 들은 이야기 중 책 내용과 연관된 것들을 쓰면 된다.
> - 3단계: 종이 한 장에 책과 관련한 자신의 경험을 두 가지 골라 각각 반 쪽씩 쓴다. → 성찰 과정, 읽은 글과 자신의 경험을 연결짓다 보면 성찰이 이루어진다.

일단은 이와 같은 방법으로 한번 써 볼까요? 글쓰기는 생각을 정리하는 방법이기도 합니다. 따라서 글을 쓰려면 먼저 생각을 해야 합니다. 저자의 생각에 적극 공감하는 부분이 있다면 왜 그런지, 반대하는 부분이 있다면 왜 그런지 그 이유를 써 보는 것이지요. 서평을 쓰는 것은 책과의 대화, 저자와의 대화라고 생각하면 됩니다. 그런 과정을 통해 자신의 생각이 자란다고 저는 믿습니다.

먼저 책을 꼼꼼하게 읽어야 합니다. 그런 다음 책을 덮고 생각해 볼까요? 어떤 것들이 기억에 남아 있나요? 그리고 왜 그 부분이 기억에 남을까요? 그 생각을 계속해서 해야 합니다. 5월 31일에 서평을 제출하라고 하면 최소한 5월 1일부터 책을 읽고 2주 동안은 생각을 해야 합니다. 생각을 하게 되면 세상의 많은 일들을 책의 창문을 통해서 바라보게 됩니다. 그때 드는 생각을 포착해서 메모합니다. 메모하지 않으면 생각은 달아나니까요. 그리고 그 메모에 살을 붙여 글을 완성합니다.

자신의 생각을 정리할 때까지는 인터넷 검색도 하지 않았으면 합니다. 다른 사람이 쓴 글을 보게 되면 그쪽으로 생각이 기울게 됩니다. 나도 모르는 사이에 옮겨 적고 있는 모습을 발견할 수 있는데, 이것은 표절입니다. 표절은 도둑질입니다. 자신의 생각을 쓰는 일에 왜 남의 것을 베껴 쓰나요?

서평도 글쓰기일 뿐입니다. 재료로 책을 삼은 것이지요. 책을 읽고 생각을 키우고, 세상을 바라보는 눈을 길러 여러분이 예전과는 조금이라도 다른 방식으로 세상을 느끼고 경험하길 바랍

---

1) 송승훈, 2019, 나의 책 읽기 수업, 나무연필, 66쪽.

니다. 누구나 글쓰기는 힘듭니다. 아직까지 글쓰기가 쉽다고 하는 사람을 만나본 적이 없습니다. 저 또한 글쓰기가 어렵습니다.

마지막으로 두 가지 팁을 드리자면, 글을 미리 쓰고, 돌려 읽으세요. 5월 31일까지 제출이라면 5월 29일까지 서평을 완성한 다음 친구들과 돌려 읽어 보세요. 그리고 과감하게 조언을 해주길 바랍니다. 글은 쓰는 사람마다 다를 수밖에 없습니다. 여러분 모두가 서로 다르기 때문이지요. 친구들의 조언을 바탕으로 고칠 부분만 고쳐 보세요. 글이 한결 나아질 겁니다.

다 쓰고 나면 꼭 글을 소리 내어 읽어 보세요. 소리 내어 읽었을 때 잘 읽히는 글이 좋은 글입니다. 가능하면 짧은 문장으로 쓰면 잘 읽힙니다. 훈련이 많이 되지 않았을 때 장문으로 글을 쓰게 되면, 주어와 술어가 불일치하는 경우가 많이 생깁니다. 군더더기를 없애고 단문으로 쓰는 방법을 생각해 보세요. 단문이 주는 힘은 강합니다.

1년 뒤에 다시 읽었을 때 지금 썼던 글이 부끄러워지길 바랍니다. 그때 부끄러움을 느낀다면 그만큼 성장했다는 방증이니까요. 누구에게나 어렵습니다만 쉬운 일만 해서는 성장하기 또한 어렵습니다. 저는 여러분이 꼭 이런 경험을 통해 성장하길 그 누구보다 바랍니다.

서평 샘플 ❶

지역감정과 택리지
–『청소년을 위한 택리지』를 읽고–

○○○

　홍어, 개쌍도, 지방충, 지잡대. 우리 사회는 지역별 비하 명칭이 너무나 당연하게 통용되고 이를 유머 거리로 삼는 데 익숙해졌다. 현재 인터넷상에서 출신 지역을 밝히는 것은 '나 좀 욕해 주세요'라고 하는 것과 마찬가지다. 그렇다면 의문이 생기지 않는가? 나라를 좀먹고 국민총화를 분열시키는 이러한 지역감정은 언제 어디서 시작되었을까?

　답은 의외의 책인 택리지에서 찾을 수 있었다. 조선시대 실학자 이중환이 쓴 택리지에는 책의 이름에서부터 알 수 있듯이, 사람이 살 땅을 가려 택하는 데 초점이 맞춰진 책이다. 택리지는 사민총론, 팔도총론, 복거총론, 총론으로 나뉘는데 이 중 팔도총론에서 조선 팔도의 역사와 특산물 등에 대해 다루고 있다. 따라서 필연적으로 조선 각 지역들의 특징과 인문 환경을 담고 있을 수밖에 없는데, 이 책에서 나는 흥미로운 정보를 찾을 수 있었다. 바로 평안도와 전라도에 관한 부분이다. 먼저 평안도 관련 내용 중 태조 이성계가 서북 지역(평안도) 사람을 등용하지 말라는 명을 내렸고, 이로 인해 조선에서 높은 벼슬을 한 평안도 사람이 없었으며, 설사 과거에 급제한 이도 진급이 제한됐다는 내용이 기술되어 있다. 이중환은 이러한 정보를 전하며 평안도는 사대부가 살 곳이 못된다며 혹평하였다.

　두 번째로 전라도에 관한 내용을 보면 고려 태조 왕건이 후백제의 2대 왕인 신검을 제압하고 후삼국 통일을 이루었을 때 차령(충남 지방을 의미) 이남 사람은 등용하지 말라는 유언을 훈요 십조에 남겼다. 따라서 고려 중엽까지 호남 사람들은 등용되는 일이 드물었다. 이 두 내용을 보면 현재 우리의 발전을 저해하고, 서로 감정의 골을 상하게 하는 지역감정이 대충 어디서 왔는지 파악할 수 있다. 그렇다고 지역감정을 단순히 왕조 시대 권력자의 말 한마디로부터 온 것으로 치부하고, 이성계와 왕건만을 비판해야 하는가? 그렇지 않다. 택리지에서 모든 살기 좋은 곳은 사대부가 살기 좋은 곳이었다. 글이 잘 읽히고 공부하기 좋으면 그곳은 살기 좋은 곳이요, 글이 읽히지 않고 명망 있는 가문이 없다면, 그곳은 지세가 약한 곳이었다.

　이렇듯 지역감정은 조선시대에서부터 지금까지 이어지는 출세하기 좋은 곳을 차지하려는 경쟁과 갈등에서 비롯되었다고 나는 생각한다. 조선시대에도 앞에서 언급한 지역 관련 비속어가 있었는지는 모르겠지만, 작금의 세태는 성공을 향한 우리의 뿌리 깊은 이기적 마음을 보여 준다. 명문대를 가기 위해서 친구들을 짓밟고 올라선 뒤, 이겼다는 쾌감에 취해 경쟁에서 도태된 이들을 낙오자 및 나보다 못한 지역에서 대학 공부하는 이로 만들고, 우리 지역에서 대통령이 나와야 한다는 ○○ 대망론, '우리가 남이가?' '충청도 핫바지'는 이러한 지역감정에 불을 붙였다. 또한 한국 사회의 특징이라고도 볼 수 있는 폐쇄적인 공동체 의식 역시 지역감정에 일조하였다. 예를 들어 충청향우회나 호남향우회와 같이 출신 지역에 따라 장학금을 지원해 주고 친목을 도모하는 단체들이나, 일제강점기 간도 이주민들 사이에서도 출신 지역이 경상도냐 함경도, 평안도냐에 따라 갈라져 싸우고 아예 따로 거주하기도 했다.

　결국 우리는 있지도 않은 지역감정을 우리 스스로의 우월감에 취하기 위해, 또는 치열한 한국 사회에서 살아남기 위해 만들어 냈다. 택리지를 보면 알겠지만, 각 지역은 각 지역만의 특색과 매력을 가지고 있다. 전국 팔도를 돌아다니며 이를 직접 관찰한 이중환은 이를 택리지를 통해 알려 주며(비록 그 당시 유학자로서의 시각이 어느 정도 들어가 있지만) 미래의 우리에게 경고했던 것일 수도 있다. 모든 지역은 자연적 지리에서만 차이가 있지, 사람 사는 것은 다 같다. 부디 다투지 마라. 그러나 우리는 서울 따라 하기에 바쁘고, 지역의 옛 명물들을 깡그리 쓸어버리고 그 위에 세우는 것은 어느 도시 특히 서울과 같은 대도시에 즐비한 고층 빌딩들이다. 이를 이중환이 봤다면, 아마 혀를 끌끌 찼을지도 모른다. 이를 보면 대한민국이 서울 공화국이라는 혹자의 말이 더욱 와닿는다.

　그렇다면 우리는 이러한 지역감정들을 계속해서 21세기의 논쟁거리로 삼아야 하는가? 답은 당연히 NO일 것이다. 글로벌 시대라는 말도 옛말이 다 돼가는 요즘, 국제 경쟁력을 키우기는커녕, 내부에서부터 자멸하는 국가가 되어서는 안 될 것이다. 그래서 우리는 지역감정을 타파해야 한다. 그렇기 위해서는 두 가지 조건이 선행되어야 한다. 우선 우리 정치권에서 낡은 지역감정을 이용해서는 안 된다. 예전부터 전라도 남자와 경상도 여자, 경상도 남자와 전라도 여자는 서로 결혼하는 일이 드물었고, 각자의 방언으로 인해 서로 소통도 잘 되지는 않았지만, 서로가 서로를 죽일 듯이 싫어하지는 않았다. 이는 박정희의 등장 전까지만 해도 그랬다. 실제로 이승만 정권 때의 선거 결과를 분석해 보면 전형적인 여촌야도 현상이 나타난다. 그러나 박정희가 전라도 지역의 지지를 받아 윤보선을 꺾고 당선된 후, 그는 본인의 고향인 구미를 비롯한 대경권 지역을 집중적으로 투자하며 호남 지역을 사실상 차별하였다. 이러한 호남권 천대는 5.18 민주화 운동 이후 민정당 계열의 보수 정권이 집권할 때마다 반복되었다. 그러나 동서갈등은 달빛동맹과 노무현 전 대통령의 계속된 부산 출마와 2016년 최순실-박근혜 게이트로 인한 보수층의 붕괴로 어느 정도 해소된 면이 있다. 사실상 노령층을 제외하고는 거의 의식하지 않는 지역감정이 되었다.

두 번째로는 수도권과 지방의 간극을 좁히는 것이다. 앞서 말했듯이 젊은 층에서는 동서갈등 등 지방간 갈등은 거의 해소되었지만, 수도권과 지방 사이의 갈등은 전 세대를 아울러 관통하는 문제이다. 취업 문제가 매우 중요해진 요즘, 대기업이나 공기업 취업을 위해 명문대 진학은 필수이다. 전술한 것처럼 명문대에 진학한 학생들은 분명 대단하고 엄청난 능력을 가진 것은 맞지만, 명문대에서 배운다고 지방의 대학을 다니는 학생들을 비하할 권리나 능력이 생기는 것은 아니다. 몇몇은 이러한 명문대 내에서도 지역 균형 선발제(속칭 지균으로 불리는 전형)로 대학에 입학한 이들을 지균충이라 일컬으며 따돌린다. 따라서 학부모들은 입시 정보와 좋은 교육 여건을 위해 서울로, 특히 강남 8학군이라 불리는 곳으로 이사 가기를 희망한다. 그러다 보니 강남의 집값은 대한민국 다른 어느 곳보다도 천정부지로 올랐고, 이에 힘입어 다른 서울 지역의 집값 역시 오르다 보니 지방 사람들은 '오르기 전에 대출을 받아서라도 서울로 가자'라는 인식이 생겨 같은 평수 아파트라도 지방과 수도권의 매물의 가격은 매우 차이가 난다. 그렇게 인구의 순유출이 늘어나자 각 지방 단체장들은 서울 따라 하기에 급급해했지만 국세와 지방세의 비율 차이로 인해 이마저도 힘들어졌다. 이를 해결하지 않는다면 지방의 소도시들은 모조리 죽어버릴 것이고 서울 공화국은 현실화될지도 모른다. 이를 해결하는 데에는 많은 방법이 있겠지만, 나는 그 중에서도 대학 평준화가 가장 효과적인 방법이라고 생각한다. 현재 지방이 수도권의 시녀 역할을 하는 것은 태반이 서울에 집중된 교육 시설 때문이다. 따라서 대학 평준화 제도를 채택하여 각자 지역에 있는 대학을 가게 하고 대학 간 서열을 제거한다면 굳이 서울로 오지 않아도 고향에서 공부를 할 수 있게 되니 지방 정부 차원에서도 인재 유출을 막을 수 있고, 학생과 학부모도 학비 부담을 덜 수 있게 된다. 이외에도 서울에 밀집된 정부 청사를 더욱 지방으로 옮기는 일도 필요하다.

　택리지 역시 지역감정에서 자유롭다고 할 수는 없을 것이다. 특정 지역에 대한 비하적 서술이 들어가 있기 때문이다. 그러나 복거총론에서 언급하듯 살기 좋은 곳은 풍수의 영향을 받기도 하지만 인심 등 사람이 직접 만들어 가는 것이다. 이 사실을 생각하며 우리가 먼저 행동을 조심하고 논란이 될 만한 행동을 하지 않는다면 타 지역 사람들이 '광주는 참 나쁜 곳이다.'라고 생각하지 않을 것이다. 또한 우리 말고 다른 지역에서도 동물, 식물이 아닌 '사람'이 살아가고 있고, 이들 역시 우리와 같은 생각을 하고, 말을 하고, 희로애락을 느낀다는 점을 고려한다면 더더욱 지역감정에 휩쓸려 지역 비하적인 언사를 할 수 없을 것이다. 그래서 나는 보다 많은 이들이 택리지를 읽고 단순히 지리책이구나 하지 말고 '아! 이 지역은 내가 몰랐던 이러한 면이 있네? 참 멋지다. 나중에 한 번 가봐야겠다.'라는 생각을 하며 편견을 깨고 지역 간에 더욱 가까워질 수 있는 기회가 됐으면 좋겠다.

훔볼트와 계몽주의
–『자연의 발명』(안드레아 울프)을 읽고–

○○○

'유럽인들이 지난 3세기 동안 묘사해 왔던 것과는 달리, 남미 사람들은 야만인이나 미개인이 아니었다.' 당대 유럽의 지식인들을 상대로 홀로 분투한 훔볼트. 그는 탐험가이자 계몽주의자였다. 프로이센의 귀족 출신인 그는 어떻게 그런 생각을 가지게 된 것일까?

처음 자연의 발명의 책장을 펼 때 나는 두께의 압박으로 인해 선생님에 대한 원망과 더불어, 훔볼트라는 인물에 대한 호기심이 생기게 되었다. '아니 도대체 어떤 인물이길래 이런 많은 내용을 담고 있는 거지?' 그러한 호기심 반과 두려움 반으로 책을 읽어 가기 시작했다. 읽다 보니 생각보다 흥미로웠다. 침보라소 산을 등반한 이야기, 전기뱀장어의 실험을 위해 자신의 몸을 희생해가며 실험을 수행한 이야기 등. 훔볼트의 매력적인 면들이 다분히 드러났기 때문이다. 그러나 중학생 이후로 과학과는 담쌓은 나에게 조금 어려운 단어들이 많아 지루했다. 그래서 인물에 대한 흥미로움을 한줄기 빛 삼아 책을 돌파해 나가고 있던 중, 그의 탐험 이야기가 끝나고, 미국을 거쳐 유럽으로 돌아온 훔볼트의 이야기가 등장하였다. 미국 3대 대통령인 토마스 제퍼슨과 훔볼트의 대화 내용과 남미의 해방자인 볼리바르와 훔볼트의 대화는 내가 격동의 1800년대 한가운데 서 있도록 해 주었다. 그들의 대화를 통해 나는 훔볼트가 시대에 맞지 않은 계몽주의자라는 것을 알게 되었다. 책을 읽기 전 다큐에서도 관련 내용을 스쳐가듯 들었지만, 책을 통해 더욱 다양하게 노예제와 아메리카 대륙 원주민에 대한 훔볼트의 생각을 알 수 있었다. 그는 제퍼슨과의 대화에서 볼 수 있듯이 노예제를 격렬하게 반대하였다. 미국과 같은 자유의 나라에서 노예제라니! 그는 미국에 체류하는 기간 내내 노예제의 폐지를 주장하였다. 또한 유럽에 돌아가서는 뷔퐁의 주장을 정면으로 반박하며, 남아메리카 사람들이 유럽인들에 비해 덜떨어지지 않았으며, 그들은 수준 높은 학문 체계를 이룩하였다고 주장하였다.

이렇듯 훔볼트는 여타 유럽의 정복자들과는 달리 원주민의 지혜를 존중하였으며, 유럽의 가치를 강요하지도 않았다. 그렇다고 훔볼트가 공화주의자였던 것 또한 아니다. 아이러니하게도 봉건적 체제를 혐오할 것만 같은 훔볼트 역시 프로이센 왕의 시종으로서 그에게 급여를 받으며 활동하였다. 그러나 이는 시대적 상황이 상황인지라 어쩔 수 없었을 것이라 생각한다. 그렇다면 훔볼트는 어떻게 이러한 생각을 가지게 되었을까? 이 책에는 그러한 생각을 가지게 된 이유를 속 시원하게 설명해 주지는 않는다. 그저 노예제의 참상에 분노하는 그를 볼 수 있을 뿐이다. 그가 이러한 생각을 가지게 된 계기나 이유는 우리 독자들의 역할일 것이다. 정해진 답은 없지만, 나는 그의 어머니와 그의 탐험에 대한 욕구가 그러한 사상에 영향을 미치지 않았을까 생각해 본다. 그는 유년 시절부터 어머니에 의해 억눌리며 생활하였고, 어머니의 사망 이후 얼마 지나지 않아 남아메리카로 떠난다. 어머니에 의해 적성에 맞지 않는 공부를 억지로 해야 했고, 이를 열대우림을 탐험하며 해소했던 그는 본능적으로 억압 받는 것을 싫어했을 것이다. 아마도 나의 추측이지만, 어머니의 간섭과 억압이 없었다면 훔볼트의 인생과 과학의 역사 둘 다 상당히 바뀌었을 것만 같다.

자, 그렇다면 훔볼트는 계몽주의자로서 어떤 이들을 계몽시켰을까? 당대 유럽과 미국의 수많은 젊은이들과 과학자들에게 지식을 전파하였지만 대표적으로 두 사람을 꼽자면 '종의 기원'으로 유명한 찰스 다윈과 '월든'으로 유명한 헨리 데이비드 소로이다. 찰스 다윈이 탐험을 시작한 계기는 훔볼트의 저서들 중 하나인 신변기 때문이다. 그는 훔볼트의 열대 지방 이야기를 읽으며 배멀미의 고통을 이겨내었고, 그의 책을 통해 남미를 바라보았다. 이는 다윈과 훔볼트가 주고받은 편지에도 여실히 드러나 있다. 또한 훔볼트가 시베리아 지역을 다녀오고 이를 설명하던 중 강가 하나를 경계로 다른 생태계가 분포한다는 말을 들은 다윈은 이를 중점적으로 연구하여 종의 기원을 발표하기에 이른다. 훔볼트라는 위대한 과학자가 한낱 성직자로서 자라날 아이를 바꾼 것이다. 소로 역시 훔볼트의 영향을 여실히 받았다. 훔볼트의 대륙 19장은 헨리 데이비드 소로와 훔볼트에 관한 내용이다. 19장을 보면서 나는 의문을 느꼈다. 둘이 동시대 사람도 아니고 왜 훔볼트가 소로에게 영향을 주었을까? 책을 읽자 의문은 간단하게 해결되었다. 소로는 훔볼트처럼 자연을 관찰하고 그 안에서 생활하기를 즐겼다. 그러던 어느 날 그는 훔볼트의 코스모스, 자연관, 신변기를 읽고선 "자연에 관한 책들은 마치 영약과 같다"는 말을 남긴다. 그 당시 사람들은 소로를 시인이 아닌 과학자로 알 정도였다. 그의 관찰 일지에는 수없이 훔볼트가 언급되었고, 그의 궁금증-과학이 이해력을 풍부하게 해 주지만 상상력을 앗아가지 않을까? - 역시 훔볼트의 저서로 해결하였다. 이렇듯 훔볼트는 자신의 장기인 관찰력과 기억력을 바탕으로 한 출판과 강연으로 많은 사람들의 시각과 인생을 바꾼 진정한 계몽주의자라고 할 수 있다.

탐험가이자 계몽주의자인 훔볼트, 훔볼트가 21세기를 살아가고 있는 우리에게 줄 수 있는 교훈은 무엇이 있을까?

첫째로 시각의 다각화이다. 훔볼트는 이 세상 모든 것이 연결되어 있으며, 그냥 일어나는 것은 없다고 생각하였다. 이는 우리 공부에도 쉽게 적용될 수 있는데, 예를 들어 영국, 프랑스 등에서 서안 해양성 기후가 나타나는 것은 편서풍의 영향을 받기 때문이다. 이를 무작정 외우기보다는 '아, 대륙 서쪽이니까 서안이고 편서풍이 불어오니까 기온과 강수량이 이렇게 되는구나!' 이런 식으로 공부한다면 자신이 머리가 나쁘다 해도 이해가 잘 되기 때문에 공부가 잘될 것이다. 시각의 다각화를 통해 우리는 문제의 해결을 의외로 가까운 곳에서 쉽게 해결할 수 있을 것이다.

둘째, 우리들 안에 내재되어 있는 차별 의식을 바꿀 수 있을 것이다. 현재 대한민국에는 150만 명에 이르는 외국인 노동자들이 있다. 이들 중 일부는 대기업 직원이거나 고소득자일 것이다. 그러나 외국인 노동자라 하면 떠오르는 이미지들은 대부분 동남아 출신의 3D 업종에서 근무하는 분들이다. 우리는 내색하지 않지만 이 분들을 이상한 눈빛으로 바라보거나 알게 모르게 차별하는 언행을 일삼고 있다. 그러면서 백인들을 보면 동경의 눈빛으로 바라본다. 동양인 전체를 비하하며 문화 사대주의에 빠진 이들도 있다. 훔볼트가 이들을 보았다면 아마 한심하게 바라보았을 것이다. 훔볼트는 각자의 문화를 존중하며 배울 것은 배워야 한다고 생각하였다. 그는 아즈텍과 잉카인들이 지역에 대해 상당한 지식을 가지고 있었지만 스페인이 상형문자를 비롯한 그들의 문화를 파괴하여 지금까지도 원주민들이 어렵게 산다고 안타까워했다. 이런 훔볼트의 시각을 빌려서 지금 대한민국을 보면, 동남아시아 출신 외국인 노동자들을 밀쳐내고 사회의 일원으로 받아들이는 것을 거부하기 보다는, 그들의 장점을 발견하고 그들의 문화를 인정해 주어서 우리 사회의 일원으로 받아들이면 외국인 강력 범죄를 막고 인터넷상에서의 혐오 발언도 줄일 수 있을 것이다.

마지막으로 문학과 과학의 조화이다. 그는 괴테와의 교류를 통해 문학과 과학이 공존 가능함을 보여 주었다. 지금 대한민국에서는 일부 사람들이긴 하지만 이과가 문과보다 더 우월하다고 인지한다. 허나 모든 학문은 제 나름대로 가치가 있는데, 수능에서 더 쉽다고 해서 취업이 더 안 된다고 해서 이를 비난해서는 안 된다. 오히려 훔볼트와 괴테처럼 이 둘을 융합하여 더욱 발전시켜야만 진정한 과학도이자 문학도라고 할 수 있을 것이다.

　알렉산더 폰 훔볼트! 어떤 인간도 역사상 그렇게 많은 업적을 남기지는 못했을 것이다. 그러나 그는 의지와 끈기를 가지고 다방면에서 업적을 남겼다. 만약 내가 그런 상황이었다면 나는 어떻게 했을까? 아마 막대한 유산과 귀족 혈통을 이용하여 평생을 편하게 살지 않았을까? 적어도 이 책을 읽기 전의 나였다면 그랬을 것이다. 그러나 이 책을 읽은 후 같은 질문을 받는다면 나는 망설임 없이 훔볼트와 같은 길을 걸을 것이다. 탐험과 관찰 그리고 인간다움에 대해 고찰하게 해 준 훔볼트. 당신과 당신의 저서는 오늘 프로이센으로부터 아주 멀리 떨어진 나 또한 계몽시켰다.

펑키 동남아
– 다양한 종교와 민족이 사는 말레이시아 –

○○○○

"사랑과 행복의 상징 두리안을 찾아 떠나는 힐링 로드"

책 표지만 보아도 알 수 있듯이 내용이 짐작이 갔다. 두리안을 찾아 떠나는 글쓴이의 이야기를 떠올렸다. 나는 이 글귀보다는 제목에 이끌려 이 책을 고르기로 결정했다. 책을 읽기 전 펑키 동남아라는 제목에서 펑키란 단어가 무슨 뜻인지 검색해 보았다. 펑키란 단어는 재즈에서 흑인 특유의 감성과 선율이 잘 드러날 때 '펑키하다'라는 표현이 사용되어 나왔다. 하지만 시간이 지나면서 펑키라는 단어는 독특하다, 신나다, 개성 있다 등의 의미로 바뀌었다. 또한 나는 어릴 적부터 동남아 지역에 대해 그렇게 부정적인 생각이 없었다. 하지만 '동남아'라는 단어를 들으면 문득 중학교 때 담임 선생님이 떠올랐다. 중학생 때 선생님께서 학생들이 잘못을 하면 '동남아 아이들이니?' 이런 식의 말로 비교를 하며 꾸짖었다. 그때는 잘 몰랐지만 지금은 그런 표현이 잘못되었음을 알고 있다. 동양인이라는 이유로 외국에서 놀림받는 것을 싫어한다면 나 또한 그러면 안 된다는 것을 알게 된 이후로 인종차별에 대해 많이 민감해진 나에게 책 제목은 상당히 매혹적이었다.

말레이시아는 MALAY+S(중국계를 뜻하는 Sino)+I(인도계)+A(기타)를 포함한 독립 국가로, 다양한 민족이 사는 것을 잘 표현한 나라명이다. 흔히 우리는 동남아에 대한 부정적인 이미지를 가지고 있다. 하지만 우리나라에서 약 10년 전 유행했던 로티보이란 빵은 사실 싱가포르에서 만들어졌고, 이후 말레이시아로 넘어왔다. '로티'는 말레이어로 빵을 의미하며 '보이'는 소년을 뜻하는 영어 단어로, 말레이시아가 말레이어와 영어를 함께 사용하는 국가라는 점을 자연스럽게 알려 준다. 로티보이는 말레이계, 중국계, 인도계 가릴 것 없이 말레이시아 모두가 좋아하는 빵이다. 이후 2007년 한국의 이화여대에 들어왔고 광주에는 약 2010년쯤 들어왔다. 이 빵은 한국인들도 매우 좋아하여 흔히 "커피 번"이라고 알려져 있다. 이렇게 커진 빵 브랜드는 세계 시장에서 동남아가 차지하는 비율이 점점 커질 것이라는 것을 알려 준다. 또한 이러한 브랜드는 우리나라 사람들에게도 경제적으로 영향을 준다. 동남아에는 많은 이슬람교인이 있다. 흔히 우리가 이슬람교에 대해 부정적인 관점과 잘못된 인식을 하고 있는 이유는 바로 테러 집단 IS 때문이다. 이러한 집단들은 변질된 단체이다. 이슬람교도 불교, 크리스트교, 힌두교 등등처럼 인간을 교화시키기 위한 좋은 목적을 가진 종교이다.

이 책에서는 우리가 흔히 생각하는 일부다처제 등과 같은 이슬람교인에 대한 부정적인 생각들을 깨어 줄 것이다. 무슬림 남편들은 주로 남자가 아침마다 장을 보고, 집안일도 남자가 거의 다 한다. 우리의 편견과 달리 무슬림 남편들은 아내에게 자상하고, 또한 글쓴이가 만난 무슬림 남자 중에서 다처제는 지금까지 1명도 없다고 했다. 귀족 출신이었던 말레이시아 총리, 싱가포르의 마하티르 전 총리 또한 집에서는 부드러운 남편, 자상하고 따뜻한 아버지였다. 그리고 무슬림 가정을 방문할 때면 음식을 내오고 손님을 접대하는 사람은 대부분 남편들이었다. 전통적인 말레이계 가옥은 여성의 신체 사이즈를 기준으로 집을 설계하는 관습이 있고, 말레이시아의 무슬림 가정은 철저히 여성 중심적인 공간이다.

우리가 흔히 하는 또 다른 오해는 바로 무슬림 여성들이 쓰는 베일이다. 서구인들은 이슬람교가 여성을 억압한다는 예시로 이러한 베일을 언급한다. 하지만 글쓴이가 아는 대부분의 무슬림 여성들은 자신의 종교적 정체성과 신앙을 드러내고 사회적 존경을 얻는 수단으로 베일을 인식했고, 말레이계 여성들은 이를 자랑스럽게 여겼다. 우리는 가톨릭 수녀가 착용하는 베일은 이상하게 보지 않으면서 이슬람교인이 착용하는 베일을 이상하게 보는 경향이 있다. 우리들의 이런 따가운 시선은 그들에게는 차별이나 다름 없다. 실제로 우리나라에 유학 온 말레이시아 여자 대학생들은 베일을 두른 자신을 이상하게 쳐다보는 한국 사람들로 인해 불편을 느낄 때가 많다고 했다. 베일을 다른 관점으로 바라보면, 무슬림 여성들이 외모에 집착하기보다는 신에 대한 공경을 더욱 중요시한다고 볼 수 있다. 그런 예시로 이슬람교는 미스코리아와 같이 여성의 신체를 대상화하고 상품화하는 행위를 보이콧해 왔다는 것에서 볼 수 있다. 어쩌면 우리가 하고 있는 행동이 잘못된 것인데 그런 행동에 익숙해진 우리가 너무 당연하게 여자면 날씬한 여자가 아름답다고 정형화한 것이 아닐까? 라는 생각을 하게 되었다. 그리고 이렇게 정형화된 우리의 눈 때문에 생긴 외모 지상주의의 사회에서 이슬람교의 신이 모두를 동등하게 본다는 생각을 하니 이슬람교도 멋진 종교 같았고, 베일에 대한 오해도 모두 풀리는 느낌이었다.

　말레이시아는 다양한 민족들이 살기 때문에 '사뚜 말레이시아'를 모토로 내세웠다. 말레이어로 '사뚜'는 하나라는 뜻으로, 말레이계, 중국계, 인도계가 모두 힘을 모아 '하나의 말레이시아'를 건설하겠다는 의지를 담은 정책이었다. 말레이시아가 독립 후 50여 년 간 6명의 총리가 모두 말레이계 무슬림이었고 말레이시아 정부는 계속 말레이계 우대 정책을 펼쳐서 나머지 종족의 불만이 커졌다. '사뚜 말레이시아'는 말레이시아 정부가 추진한 강력한 다문화 통합 정책을 상징하기도 하지만, 그동안 말레이시아 사회에서 비말레이계 종족의 소외감이 얼마나 컸는지를 잘 드러내 주는 정책이다.

　이러한 말레이계 우대 정책(부미트라 정책)을 펴게 된 배경은 1957년 말레이시아가 영국에서 독립한 초창기에 다양한 민족의 복잡한 이해 관계가 얽혀 시위가 빈번했고, 1969년에 혼란은 극에 달했다. 총선에서 자신들의 정당을 내세워 기대 이상의 득표를 한 중국계 주민들이 거리로 뛰쳐나와 승리의 기쁨을 표현하자 경제를 장악한 중국계가 이제는 정치까지 넘보는 것 아니냐며 말레이계의 불안이 커졌다. 당시 화교들이 말레이시아 경제를 많이 장악했기 때문에 말레이계 우대 정책을 펼쳤다. 또한 현재 중국계의 인구 비율이 23.4%지만 말레이시아 부의 약 60% 이상을 중국계가 가지고 있는 것을 보아 문제의 심각성을 알 수 있다. 말레이계 우대정책(부미트라)은 신규 주택 분양 때 일정 비율을 말레이계에게 사전 분양하도록 하고, 상장회사에서 말레이계 지분을 높이며, 공무원계와 중국계의 경제적 격차를 줄이고 말레이계의 빈곤을 타파하는 데에는 크게 기여했지만, 비말레이계 입장에서는 차별로 느껴질 수도 있었을 것이다. 중국계와 인도계 주민은 인구 수에 따른 할당 비율이 낮아 집을 사거나 정부 기관에 취업할 때 말레이계에 비해 경쟁률이 높아진다. 또한 말레이계의 출산 속도가 더 빨리 증가하면서 비말레이계 총리가 투표를 통해 선출되어 혁신적인 정책을 내놓을 확률이 거의 없다는 것이 말레이시아의 문제이다. 국가 및 종교 통합에 방해가 되는 모든 행위는 처벌 받을 수 있기 때문에, 비말레이계 주민들은 불만이 있어도 말을 못하는 상황이다. 하지만 중국계의 열심히 하려는 노력이 없었다면 말레이시아의 현재의 경제 성장까지는 못미쳤을 것이다. 부의 잘못된 분배는 항상 문제를 일으키기 마련이다. 억울한 정책에 억압 받는 중국계와 부의 차이 때문에 경제가 많이 성장해도 힘든 생활을 하는 말레이계 등 복잡한 민족 관계 때문에 생긴 이러한 문제를 해결하기 위해서는 중국계의 노력을 인정할 필요가 있다. 중국계 인들 또한 부의 어느 정도는 기여하면서 부의 불

균형을 해결해 나갔으면 좋겠다. 하지만 갈등이 있는 말레이시아에서 모두가 하나가 될 수 있도록 만들어 주는 것은 바로 음식이라고 생각한다. 말레이시아인들은 술 대신 커피나 차를 마시고 달콤한 디저트를 먹으며 대화를 나눈다. 이런 과정을 통해 민족의 벽을 뛰어넘고 말레이시아 국민으로서의 정체성을 형성해갈 것이다. 두리안이 있는 곳은 다른 과일들도 잘 자라기 때문에 두리안이 재배되는 말레이시아에서는 다른 과일들 또한 자랄 것이다. 또한 이슬람교는 술을 마시지 않기 때문에 차를 마시며 대화를 나눠 서로 맞는다면 다른 민족이어도 친해질 수 있지 않을까? 라는 생각을 했다. 이 책에서 글쓴이의 오랜 친구는 글쓴이를 현지인만 아는 두리안 뷔페로 데려가 주었다. 10링깃 정도만 내면 두리안을 실컷 먹을 수 있는 두리안 뷔페에서는 국가 보안법을 적용할 필요가 없을 정도로 모두 즐거운 대화만 나누고 있었고, 인종, 나이, 성별, 국적에 상관없이 모두가 행복해 보였다고 했다.

다양한 종교가 있고, 다양한 민족이 사는 말레이시아에 자라기 힘든 두리안이 선택했다는 것은 이러한 정치적인 문제와 민족 간의 갈등 또한 좋게 해결된다는 것을 암시하는 것이 아닐까? 왜냐 하면 말레이시아는 두리안이 선택한 나라이기 때문이다.

그림책 활용 수업

1. 왜 그림책인가?

그림책은 아이들만 읽는다고 생각했습니다. 그림책은 그림만 있으면서 왜 이렇게 비싸냐고도 생각했습니다. 반성합니다. 그림책은 총 3번 읽는다고 합니다. 자신이 어렸을 때, 부모가 되었을 때, 그리고 노인이 되었을 때입니다. 그림책은 그림과 함축된 글만으로 정말 많은 것들을 담고 있습니다. 그림책은 짧은 시간에 읽을 수 있기 때문에 수업에 적용하기도 참 좋습니다. 통합사회 수업과 지리 수업에 활용하면 도움이 될 것이라고 확신합니다.

2. 그림책 수업 계획

그림책 수업과 관련된 책이 많습니다. 저는 두 권을 추천합니다. 『토론의 전사 7 – 그림책, 청소년을 만나다』, 『말랑말랑 그림책 독서 토론』입니다. 책을 읽고 그림책 수업 활동을 3단계로 구분하여 정리했습니다. 독서 전 활동, 독서 중 활동, 독서 후 활동은 선생님들이 먼저 그림책을 읽고 활동을 선정하여 운영하면 됩니다.

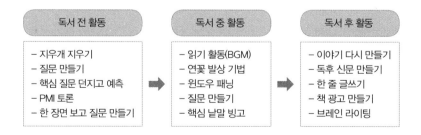

다음은 통합사회와 지리 수업에서 활용할 수 있는 책들입니다.

순번	책 제목	주제	비고
1	감기 걸린 물고기	가짜 뉴스	미디어 교육
2	탄 빵	약자 배려	통사 연계
3	풀씨가 된 모래알	사막화	환경
4	미어캣의 스카프	자본주의와 소비, 욕망	경제
5	위대한 청소부	자연재해, 자원봉사	환경
6	맑은 하늘, 이제 그만	수단, 물부족	환경
7	지하정원	도시 환경 개선, 게릴라 가드닝, 깨진 유리창 법칙	도시
8	콧수염 형제들	비폭력	통사 연계
9	플라스틱 섬	환경, 플라스틱	환경
10	벌집이 너무 좁아	난민, 이주자, 외국인 혐오	통사 연계
11	빨간 자전거	나눔	통사 연계
12	세탁소 아저씨의 꿈	진로 활동	진로 활동
13	평화란 어떤걸까?	평화 교육	통사 연계
14	세상에서 가장 뜨거운 아이	화산 지형, 타인 이해	통사 연계
15	내가 라면을 먹을 때	지평확대법, 지구촌, 타인 이해	통사 연계
16	거짓말 같은 이야기	지평확대법, 지구촌, 타인 이해	통사 연계
17	내가 만난 꿈의 지도	어린이 지리	통사 연계
18	행복을 나르는 버스	행복	통사 연계
19	초코곰, 젤리곰	차별, 인권, 인종 차별	통사 연계

3. 그림책 수업의 실제

그림책 수업은 총 3번 진행했습니다. 그중 『내가 라면을 먹을 때』라는 책으로 이루어진 수업에 대해 소개하고자 합니다.

가. 준비물: 포스트잇 1인당 2장, A4 용지 1인당 1장

나. 수업 절차

• 독서 전 활동: 제목 가리고 제목 맞추기, 표지 보고 내용 예측하기

• 독서 중 활동: 대표 학생 읽기

• 독서 후 활동: 우리가 만드는 『내가 라면을 먹을 때』 만들기 활동

다. 수업의 실제

1) 독서 전 활동

제목 예측하기 활동

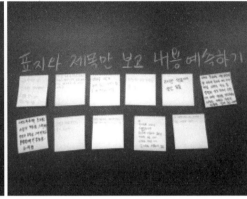
내용 예측하기 활동

2) 독서 중 활동

학생들이 그림책을 읽을 때에는 진지하게 읽을 수 있도록 지도해야 합니다. 해당 내용에 맞추어 BGM을 깔고 교사가 느낌을 살려 읽어 주는 것도 좋은 방법입니다. 그렇게 하면 학생들도 어렸을 때로 돌아가는 느낌이 들 수 있습니다. 누군가 자기를 위해 책을 읽어 주는 경험을 하는 것이죠. 학생을 지명하여 읽게 하는 것도 좋은데, 그러면 진지한 분위기가 깨질 수도 있으니 주의해야 합니다.

3) 독서 후 활동

독서 후 활동은 〈우리가 만드는 내가 라면을 먹을 때〉입니다. 학생들에게 다음과 같은 미션을 줍니다.

우리가 만드는 그림책 활동을 진행하려고 합니다. 『내가 라면을 먹을 때』를 잘 읽었죠? 우리는 세계지리 수업 시간이므로 세계지리에 나온 내용을 위주로 하여 그림과 글로 표

우리가 만드는 내가 라면을 먹을 때 활동 사례

현하려고 합니다. 여러분에게 A4 용지를 1쪽씩 나누어 주었습니다. 그 종이에 그림을 그리고, 다음과 같이 적어주세요.

"(누가)(무엇)을 할 때, (이웃, 이웃나라) 친구는 (무엇)을 한다."

이해가 잘 안되면, 『내가 라면을 먹을 때』 책을 다시 한번 펼쳐서 볼까요?

4. 수업 팁

교사는 연기자여야 합니다. 머릿속으로 충분히 시뮬레이션을 해 보고 수업을 하도록 합니다. 특히 독서 전 활동을 할 때 준비한 책을 미리 나누어 주면 안 됩니다. 책 제목을 맞추고, 표지를 보고 내용을 예측하는 활동을 진행하고 난 다음, 때에 따라서는 책 읽기 활동까지 마친 다음 학생들이 그림책을 만드는 활동을 할 때 나누어 줘야 합니다. 모둠별로 1장씩 만드는 활동도 가능하지만, 이 책은 A4 용지를 1장씩 개별로 나누어 주고 그림을 그리도록 하는 것이 좋습니다. 학생들이 만든 작품을 올려두고 가장 잘한 작품을 맨 마지막에 넣고 문구를 마무리 멘트로 수정하면 됩니다.

5. 참고 자료

더 자세한 내용은 아래 QR코드로 넣었습니다. 사례와 함께 담았으니, 쉽게 살펴볼 수 있을 것입니다. 제 블로그에도 사례가 담겨 있습니다.[1]

그림책 수업 나눔 1   그림책 수업 나눔 2   그림책 수업 나눔 3

---

[1] QR코드로 접속이 어려우신 분들을 위해 사이트를 남깁니다. 제 블로그(http://blog.naver.com/coolstd)에 접속하여 검색창에 '그림책 수업'을 검색해도 되고, 바로 https://blog.naver.com/coolstd/221444149280을 주소창에 입력해도 됩니다.

지리 독서 연계 수업 도서 목록

- 켄 제닝스 저, 류한원 역, 2013, 맵헤드, 글항아리 – 지리 덕후란 무엇인가를 생각하게 되고, 개인적으로 가장 많이 산 책입니다. 지리 교사로서 회의감이 밀려올 때 다시 꺼내 읽는 책입니다. 읽을 때마다 지리를 전공하지 않은 사람도 이 정도인데, 지리로 밥 먹고 사는 나는 더 힘내야겠다고 다짐하게 됩니다.

- 조영태, 2016, 정해진 미래, 북스톤 – 인구로 살펴보는 세계와 우리나라에 대한 이야기입니다. 이 책에서 저자는 '자신의 딸은 농대에 보내겠다'고 말하고 있습니다. 교육 부분만 빼면 읽어볼 만합니다. 주변에 훌륭한 교사가 없는 것이 분명합니다.

- 이어령, 정형모, 2016, 지(知)의 최전선, 아르테 – 우리나라의 지성 이어령 선생님이 강조하는 지정학과 지리문화학에 대해 알아볼 수 있는 좋은 책입니다.

- 김이재, 2015, 내가 행복한 곳으로 가라, 샘터 – 지리적 상상력을 뿜어 내는 책으로, 여기 제시한 책들 중에서는 가장 얇은 책입니다. 참고로 김이재 교수는 2019년 8월 28일 JTBC 차이나는 클라스 123회에서 '지리가 힘이다!'라는 주제로 강연을 하기도 했습니다.

- 유현준, 2015, 도시는 무엇으로 사는가, 을유문화사 – 알쓸신잡 2에서 건축과 공간에 대하여 설명했던 유현준 교수의 도시 이야기입니다. 제가 보기에 유현준 교수가 쓴 여러 책들 중에서 이 책이 가장 나은 것 같습니다. 공간을 다루는 건축학과 지리학 사이에는 접점이 정말 많다는 느낌이 듭니다.

- 문요한, 2016, 여행하는 인간, 해냄 – 여행에 대한 이야기를 담은 책이기도 하지만, 읽으면서 내면이 치료되는 책이기도 합니다. 여행지리를 공부하거나, 심리학, 의학 등을 공부하고 싶은 학생들에게 추천합니다.

- 개리 풀러, T.M.레데콥 저, 윤승희 역, 2017, 너무 맛있어서 잠못드는 세계지리, 생각의길 – 음식에 관심이 있거나 꿈이 셰프인 학생이라면 꼭 읽어보기 바랍니다. 문화지리의 시작을 종

교 다음으로 음식이라고 주장하는 저자의 서문이 흥미롭습니다.

• 안드레아 울프 저, 양병찬 역, 2016, 자연의 발명, 생각의힘 – 지리학계의 슈퍼스타이자 자연 지리학의 아버지라 불리는 알렉산더 폰 훔볼트를 집대성한 책입니다. 다른 책에 비해 두껍지만, 번역이 훌륭하여 잘 읽힙니다.

• 서태동, 하경환, 이나리, 2018, 지리 창문을 열면, 푸른길. – 부담없이 지리에 대하여 개념을 잡기 바라는 마음으로 쓴 책입니다. 고등학교에서 지리를 배우는 학생이나, 지리교육과에 입학한 대학교 1학년 학생들이 꼭 읽었으면 합니다. 지리학에서 다루는 고유 개념을 일상과 연결지어 쓰려고 노력했고, 지리 교육계의 금손 이나리 선생님의 삽화가 매력적인 책입니다.

전지모에서 제공하는 "읽으면 세상이 새로워지리!"라는 지리 도서 소개 리플렛 목록을 공유합니다. 학교 도서관에 신청해 주세요.^^

* 전국지리교사모임 다음 카페: http://cafe.daum.net/geoteachernet

2020 읽으면 세상이 새로워지리! 도서 목록

NO	도서명	저자	출판사	구분 1	구분 2
1	지리는 어떻게 세상을 움직이는가	옥성일	맘에드림	2020 지리책읽기대회	글로벌 이슈
2	세계는 왜 싸우는가	김영미	김영사	2020 지리책읽기대회	글로벌 이슈
3	지도로 보는 세계 – 혼란한 국제정세를 이해하는 100개의 지도)(2017)	파스칼 보니파스 등	청아출판사	2020 지리책읽기대회	글로벌 이슈
4	보이지 않는 국가들	조슈아 키팅	예문 아카이브	2020 지리책읽기대회	글로벌 이슈
5	동아시아, 해양과 대륙이 맞서다	김시덕	메디치 미디어	2020 지리책읽기대회	글로벌 이슈
6	교육이 희망이다	유성상 등	피와이 메이트	2020 지리책읽기대회	글로벌 이슈
7	국제개발협력개론	배리 베이커	푸른길	2020 지리책읽기대회	글로벌 이슈
8	여성 연구자, 선을 넘다	엄은희 등	눌민	2020 지리책읽기대회	글로벌 이슈
9	우리는 모두 집을 떠난다	김현미	돌베개	2020 지리책읽기대회	글로벌 이슈
10	교실 밖 지리여행	노웅희, 박병석	사계절	세상을 읽는 지리책	
11	지리, 세상을 날다	전국지리 교사모임	서해문집	세상을 읽는 지리책	
12	지리 창문을 열면	서태동, 하경환, 이나리	푸른길	세상을 읽는 지리책	
13	통합사회를 위한 첫걸음	박배균 등	폭스코너	세상을 읽는 지리책	
14	톡! talk 한국지리	김대훈 등	휴머니스트	세상을 읽는 지리책	
15	145가지 궁금증으로 완성하는 모자이크 세계지도	이우평	푸른길	세상을 읽는 지리책	
16	세계지리 세상과 통하다 1,2	전국지리 교사모임	사계절	세상을 읽는 지리책	
17	카툰지리	유상철	황금비율	세상을 읽는 지리책	
18	박대훈의 사방팔방 지식특강	박대훈, 최지선	휴먼큐브	세상을 읽는 지리책	
19	역사가 묻고 지리가 답하다	마경묵, 박선희	지상의책	세상을 읽는 지리책	
20	아주 쓸모 있는 세계 이야기	남영우 등	푸른길	세상을 읽는 지리책	
21	왜 지금 지리학인가	하름 데 블레이	사회평론	세상을 읽는 지리책	
22	평민 김정호의 꿈	이기봉	새문사	세상을 빛낸 지리인	
23	자연의 발명	안드레아 울프	생각의 힘	세상을 빛낸 지리인	
24	데이비드 하비의 세계를 보는 눈	데이비드 하비	창비	세상을 빛낸 지리인	

25	빨간 양털 조끼의 세계 여행	볼프강 코른	웅진주니어	지리 그림책	
26	내가 라면을 먹을 때	하세가와 요시후미	고래이야기	지리 그림책	
27	한강을 따라가요	박승규	토토북	지리 그림책	
28	내가 만난 꿈의 지도	유리 슐레비츠	시공주니어	지리 그림책	
29	100년 동안 우리 마을은 어떻게 변했을까	엘렌 라세르	풀과바람	지리 그림책	
30	세계 나라 사전	테즈카 아케미	사계절	지리 그림책	
31	세계사를 한눈에 꿰뚫는 대단한 지리	팀 마샬	비룡소	초등학생을 위한 지리책	
32	똑똑한 지리책 1,2	김진수	휴먼어린이	초등학생을 위한 지리책	
33	초등 지리 바탕 다지기	이간용	에듀 인사이트	초등학생을 위한 지리책	
34	우산도는 왜 독도인가	이기봉	소수	중고등학생을 위한 지리책	독도와 동해
35	19세기 일본 지도에 독도는 없다	이상균	북스타	중고등학생을 위한 지리책	독도와 동해
36	불편한 동해와 일본해	심정보	밥북	중고등학생을 위한 지리책	독도와 동해
37	지리쌤과 함께하는 우리나라 도시여행 1,2	전국지리 교사모임	폭스코너	중고등학생을 위한 지리책	여행과 지리
38	지리쌤과 함께하는 80일간의 세계 여행 1,2	전국지리 교사모임	폭스코너	중고등학생을 위한 지리책	여행과 지리
39	지리학자의 인문여행	이영민	아날로그	중고등학생을 위한 지리책	여행과 지리
40	선생님, 또 어디 가요	박동한	휴먼큐브	중고등학생을 위한 지리책	여행과 지리
41	행복의 지도	에릭 와이너	웅진 지식하우스	중고등학생을 위한 지리책	여행과 지리
42	환타지 없는 여행	전명윤	사계절	중고등학생을 위한 지리책	여행과 지리
43	내가 행복한 곳으로 가라	김이재	샘터	중고등학생을 위한 지리책	일상과 장소의 의미
44	자리의 지리학	이경한	푸른길	중고등학생을 위한 지리책	일상과 장소의 의미
45	공간이 마음을 살린다	에스더 M. 스턴버그	더퀘스트	중고등학생을 위한 지리책	일상과 장소의 의미

46	총, 균, 쇠	재레드 다이아몬드	문학사상	중고등학생을 위한 지리책	지리 철학과 사상
47	땅의 문명	남영우	문학사상	중고등학생을 위한 지리책	지리 철학과 사상
48	공간을 위하여	도린 매시	심산문화	중고등학생을 위한 지리책	지리 철학과 사상
49	아버지의 나라 아들의 나라	이원재	어크로스	중고등학생을 위한 지리책	인구와 사회 변화
50	정해진 미래	조영태	북스톤	중고등학생을 위한 지리책	인구와 사회 변화
51	아이 갖기를 주저하는 사회	윤정현	푸른길	중고등학생을 위한 지리책	인구와 사회 변화
52	직업의 지리학	엔리코 모레티	김영사	중고등학생을 위한 지리책	경제와 지리
53	경제를 읽는 쿨한 지리 이야기	성정원	맘에드림	중고등학생을 위한 지리책	경제와 지리
54	경제는 지리	미야지 슈사쿠	7분의언덕	중고등학생을 위한 지리책	경제와 지리
55	인문 세계 지도	댄 스미스	유유	중고등학생을 위한 지리책	지도와 GIS
56	마이크로 지리 정보학	최정묵	한스컨텐츠	중고등학생을 위한 지리책	지도와 GIS
57	맵헤드	켄 제닝스	글항아리	중고등학생을 위한 지리책	지도와 GIS
58	구글 맵, 새로운 세계의 탄생	마쓰오카 게이스케	위즈덤 하우스	중고등학생을 위한 지리책	지도와 GIS
59	네모에 담은 지구	손일	푸른길	중고등학생을 위한 지리책	지도와 GIS
60	욕망하는 지도	제리 브로턴	알에이치 코리아	중고등학생을 위한 지리책	지도와 GIS
61	상권은 매출이다	송규봉	북스톤	중고등학생을 위한 지리책	경영과 입지 분석
62	골목의 전쟁	김영준	스마트북스	중고등학생을 위한 지리책	경영과 입지 분석
63	로케이션	디 아이 컨설턴트 등	다산북스	중고등학생을 위한 지리책	경영과 입지 분석
64	발전소는 어떻게 미술관이 되었는가	김정후	돌베개	중고등학생을 위한 지리책	도시 공간과 삶

65	서울 스토리	양희경 등	청어람 미디어	중고등학생을 위한 지리책	도시 공간과 삶
66	메트로폴리스 서울의 탄생	임동근,김종배	반비	중고등학생을 위한 지리책	도시 공간과 삶
67	도시는 왜 불평등한가	리처드 플로리다	매일경제 신문사	중고등학생을 위한 지리책	도시 공간과 삶
68	지방도시 살생부	마강래	개마고원	중고등학생을 위한 지리책	도시 공간과 삶
69	중공업 가족의 유토피아	양승훈	오월의봄	중고등학생을 위한 지리책	도시 공간과 삶
70	지리의 힘	팀 마샬	사이	중고등학생을 위한 지리책	지정학
71	지정학적 시각과 한국 외교	김태환 등	사회평론 아카데미	중고등학생을 위한 지리책	지정학
72	대변동	재레드 다이아몬드	김영사	중고등학생을 위한 지리책	지정학
73	외국어 전파담	로버트 파우저	혜화1117	중고등학생을 위한 지리책	언어와 종교
74	이슬람 학교	이희수	청아출판사	중고등학생을 위한 지리책	언어와 종교
75	인도 100문 100답	이광수	앨피	중고등학생을 위한 지리책	언어와 종교
76	왜 세계의 절반은 굶주리는가?	장 지글러	갈라파고스	중고등학생을 위한 지리책	분쟁과 불평등
77	빈곤의 연대기	박선미, 김희순	갈라파고스	중고등학생을 위한 지리책	분쟁과 불평등
78	사라진, 버려진, 남겨진	구정은	후마니타스	중고등학생을 위한 지리책	분쟁과 불평등
79	한반도를 달리다	개러스 모건, 조앤 모건	넥서스 BOOKS	중고등학생을 위한 지리책	한반도와 통일
80	한반도의 신지정학	박배균 등	한울 아카데미	중고등학생을 위한 지리책	한반도와 통일
81	평양 자본주의 백과전서	주성하	북돋움	중고등학생을 위한 지리책	한반도와 통일
82	만화로 보는 기후변화의 거의 모든 것	필리프 스콰르조니	다른	중고등학생을 위한 지리책	기후변화
83	기후변화의 심리학	조지 마셜	갈마바람	중고등학생을 위한 지리책	기후변화

84	기후변화의 과학과 정치	정진영 등	경희대학교 출판문화원	중고등학생을 위한 지리책	기후변화
85	자연과의 대화, 한국	이승호	황금비율	중고등학생을 위한 지리책	지형과 생태 환경
86	한반도 자연사 기행	조홍섭	한겨레 출판사	중고등학생을 위한 지리책	지형과 생태 환경
87	지진과 화산의 궁금증 100가지	가미누마 가츠타다 등	푸른길	중고등학생을 위한 지리책	지형과 생태 환경
88	체르노빌의 아이들	히로세 다카시	프로메테우스	중고등학생을 위한 지리책	환경문제
89	논쟁하는 환경 교과서	황정숙 등	씨아이알	중고등학생을 위한 지리책	환경문제
90	흙	데이비드 몽고메리	삼천리	중고등학생을 위한 지리책	환경문제
91	문학 속의 지리 이야기	조지욱	사계절	중고등학생을 위한 지리책	문학 속 지리
92	여행기의 인문학	한국문화역사 지리학회	푸른길	중고등학생을 위한 지리책	문학 속 지리
93	세계 문학 속 지구 환경 이야기	이시 히로유키	사이언스 북스	중고등학생을 위한 지리책	문학 속 지리
94	커피밭 사람들	임수진	그린비	중고등학생을 위한 지리책	먹거리와 지리
95	내가 먹는 것이 바로 나	허남혁	책세상	중고등학생을 위한 지리책	먹거리와 지리
96	너무 맛있어서 잠 못 드는 세계지리	개리 폴러, T.M. 레데콥	생각의길	중고등학생을 위한 지리책	먹거리와 지리

제5부

창의력과 표현력을
키우는 그리기 수업

어느 학교나 2차 지필평가가 끝난 후 의도한 바는 아니지만, 교실이 모두 극장으로 전환됩니다. 영화를 보여 주지 않으면 마치 이상한 교사로 매도되기도 하지만, 어떤 경우에는 학생들이 학부모를 통해 민원을 걸기도 합니다. 그 모습이 보기 싫어 2018년 1월부터 수업 계획서를 작성하면서, 12월에 '지리 그리기 한마당'을 해야겠다고 생각했습니다. 2017년 12월에도 비슷한 행사를 진행했기 때문입니다. 수업 시간에 진행하고, 상을 주었습니다. 이렇게 진행하려면 시상 계획을 학기 초에 세워야 합니다. 교육 계획서에도 넣어야 하고요.

총 3가지 활동을 기획했습니다. 첫째, 지리 타이포그래피, 둘째, 오직 하나뿐인 지도 만들기, 셋째, 지역별(나라별 또는 도시별) 버스 정류장 디자인입니다.

처음에는 시간당 한 가지씩 해 보려고 했지만, 서두르지 않았으면 합니다. 각 활동당 최소 2시간이 필요합니다. 발표까지 하면 3~4차시로 구성할 수도 있고, 모둠별로도 가능합니다. 다른 방법으로 응용도 가능합니다. 오직 하나뿐인 지도에서 만들었던 작품을 버스 정류장 디자인과 연계해서 진행할 수도 있습니다. 학생들이 좋아하는 활동이고, 학기말 취약 시기를 의미 있게 보낼 수 있는 교육 활동으로, 교사가 무척 편하다는 장점도 있습니다.

참! 토대가 중요합니다. 바구니와 셔틀(수레)을 구입해야 합니다. 학교에 교과 예산을 신청할 때 꼭 신경써 주세요. 색연필, 사인펜 등을 모두 구비하는 것도 좋습니다.

활동을 어떻게 구성하느냐에 따라 학생 활동 내용을 교과세특에 넣을 수도 있습니다. 지리 그리기 한마당은 더욱 그러합니다. 지리 그리기 한마당에 참여한 우수 학생들에게는 다음과 같이

수업 콘서트

써 주려고 합니다.

"12월 지리데이에 참여함. 지리 타이포그래피와 오직 하나뿐인 지도, 지역별 버스 정류장 디자인 세 작품 모두 반 친구들이 꼽은 우수작에 선정되어 다른 반에 샘플로 제시됨. 그림 실력뿐만 아니라 지역을 이해하는 능력이 돋보임."

분야에 따라 세 개, 두 개, 하나만 넣을 수도 있겠지요. 지금까지 작성된 교과세특 내용을 학생들이 확인할 수 있도록 했습니다. 저도 활동을 많이 하는데, 종종 복붙(ctrl+c, ctrl+v)이 잘못되어 친구 생기부에 해당 학생의 내용이 들어가는 경우가 있거든요. 교과세특 양이 부족한 학생들을 독려할 때에도 좋은 자극이 됩니다.

"여러분, 아직 늦지 않았습니다. 좋은 내용으로 더 채울 수 있어요!"

기록을 위한 활동을 하는 것이 아니냐는 비판이 있을 수도 있지만, ○○시네마보다는 지리 교육적으로 의미 있는 활동이라고 확신합니다. 선생님들께서도 시도해 보시기 바랍니다.

1. 지리 타이포그래피(typography) 수업

타이포그래피는 글자라는 의미를 지닌 'typo'라는 그리스 말에서 비롯되었습니다. 타이포그래피란 전통적으로 활판 인쇄술을 가리키는 말로 쓰여 왔습니다. 그러나 산업혁명의 영향으로 디자인이라는 새로운 학문이 탄생하면서 그 의미도 바뀌었습니다. 타이포그래피는 활판 인쇄술뿐만 아니라 전달의 한 수단으로서 '활자를 기능과 미적인 면에서 보다 효율적으로 운용하는 기술이나 학문'이라는 개념으로 변화되었습니다.[1] 타이포그래피 활동 수업은 원론적인 타이포그래피 개념을 교육적으로 변환하여 만들었습니다. 각 교과에서 다루는 개념이나 단어를 그림으로 표현하는 방식으로 수업을 진행하는 것을 말합니다. 곧 '문자'라는 틀에 무슨 내용을, 어떻게 담아낼 지를 고민합니다.

---

1) 석금호, 2002, 타이포그라픽 디자인, 미진사, 2쪽.

말보다는 예시를 보면 훨씬 더 잘 이해할 수 있습니다. 학생들에게 이러한 활동을 제안할 때에도 꼭 샘플을 먼저 보여 주세요. 그리고 가능하면 우수한 샘플을 보여 주세요. 학생들의 가능성은 무궁무진합니다.

수업 진행 절차는 다음과 같습니다.

- 교과서 내용 중 자신이 그리고 싶은 개념을 찾아 칠판에 적어 보기
- 개별 활동지에 자신이 적은 개념을 타이포그래피로 그리기 – 개념을 선택한 이유, 개념 정의 및 설명 쓰기
- 타이포그래피 발표하기

처음에는 경기 마석중학교의 박상은 선생님 자료를 참고하여 활동을 구성했습니다. 실제로 해 보니 이러한 팁이 있었습니다. 활동을 구성하실 때 참고해 주세요.

- 발표까지 하려면 3시간이 필요함. – 실제 활동은 2시간이 소요되고, 1시간으로 조금 부족함.
- 모둠 활동으로도 변경 가능
- 특정 단원을 배우고 난 뒤 수행평가로 진행 가능

박상은 선생님 사례 2개 두 가지를 먼저 보여드리겠습니다. 그것을 보시면 지리 타이포그래피에 대해 바로 감을 잡으실 수 있을 겁니다. 그림 5-1과 5-2는 박상은 선생님이 예전 고등학교 근무할 때 한국지리 수업 시간에 학생들이 만든 작품입니다. 이 사례를 먼저 제시한 후, 우리는 세계지리 교과서로 적용해 보기로 했습니다. 다음과 같이 절차를 제시하면 학생들이 쉽게 따라할 수 있습니다.

- 세계지리 교과서를 펴고 자신이 표현하고 싶은 개념을 찾는다.
- 글자를 먼저 생각한 후, 디자인을 한다.
- 색을 칠한 후, 스케치한 연필 부분을 지운다.

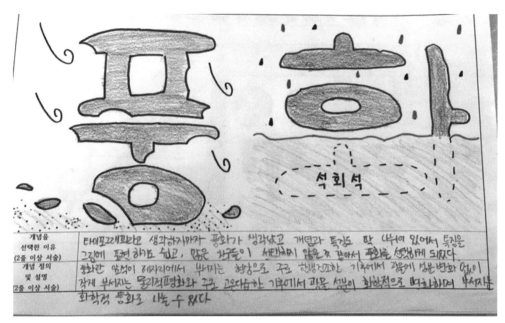

개념을 선택한 이유 (2줄 이상 서술)	타이포그래픽라고 생각하자마자 풍화가 생각났고 개념과 특징도 딱 나눠이 있어서 특징을 그림에 표현하기도 쉽고, 많은 친구들이 선택하지 않을 것 같아서 풍화를 선택하게 되었다.
개념 정의 및 설명 (2줄 이상 서술)	풍화란 암석이 제자리에서 부서지는 현상으로 주로 한랭건조한 기후에서 광물에 성분 변화 없이 잘게 부서지는 물리적풍화와 주로 고온다습한 기후에서 광물 성분이 화학적으로 변화하며 부서지는 화학적 풍화로 나눌 수 있다.

그림 5-1 박상은 선생님 수업 사례 – 풍화

개념을 한 이유 이상 서술)	'융기'라는 단어가 자꾸 버릴 때 가장 빈번히 나온 단어인 것 같아서 선토믹에 되었다.
정의 설명 상 서술)	실제로도 자꾸 버릴 때 조축운동, 을 버릴 때 융기라는 말이 굉장히 사용되었다. 융기란 자연적인 원인에 의거 어떤 지역의 땅덩어리가 주변에 대하여 상승하는 일을 이야기한다. 융기의 반대는 지각이 가만않는 현상인 침강이 있고, 융기·침강으로 인한 조축운동이 일어나.

그림 5-2 박상은 선생님 수업 사례 – 융기

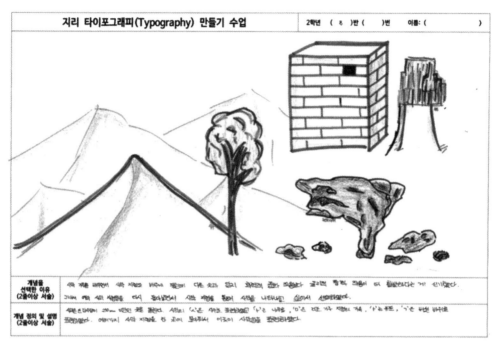

그림 5-3 상무고등학교 지리 타이포그래피 사례 – 사막

그림 5-4 상무고등학교 지리 타이포그래피 사례 – 선벨트

채점 기준을 만들 수도 있습니다. 뒤에 이어질 두 활동도 이에 맞추어 채점 기준을 작성할 수 있습니다.

- 지리 교과의 핵심 용어를 선정했는가?
- 지리 교과의 핵심 용어의 의미에 맞게 타이포그래피로 표현했는가?
- 다양한 색감을 활용하여 창의적으로 표현했는가? (3가지 색상 이상)
- 제출한 학생들 간에 중복되지 않은 표현 방식을 사용했는가?
- 타이포그래피에 선정한 핵심 용어를 정의했는가?
- 선정한 핵심 용어를 교과서 지식과 연계하여 서술했는가?
- 자신의 타이포그래피를 학급 친구들에게 설명할 수 있는가?

그리고 루브릭(채점 기준표)으로도 작성이 가능합니다. 먼저 해당 역량에 맞도록 채점 기준을 범주화하여 A, B, C로 구분합니다.

자기 표현 역량
- A: 제출한 학생들 간에 중복되지 않은 표현 방식을 사용했고, 지리 교과의 핵심 용어를 적절하게 선정했으며, 핵심 용어의 의미에 맞게 타이포그래피로 표현했다.
- B: 제출한 학생들 간에 중복되지 않은 표현 방식을 사용했고, 지리 교과의 핵심 용어를 적절하게 선정했다.
- C: 제출한 학생들 간에 중복되지 않은 표현 방식을 사용했다.

지리적 사고 역량
- A: 지리 교과의 핵심 용어를 선택한 이유를 잘 서술했고, 개념 정의 및 설명 쓰기 활동이 우수하다.
- B: 지리 교과의 핵심 용어를 선택한 이유를 서술했고, 개념 정의 및 설명 쓰기 활동을 수행했다.
- C: 지리 교과의 핵심 용어를 선택하고, 개념 정의 및 설명 쓰기 활동을 수행했다.

심미적 역량
- A: 타이포그래피를 3가지 이상의 색을 이용하여 표현했다.
- B: 타이포그래피를 2가지 색을 이용하여 표현했다.
- C: 타이포그래피를 1가지 색만 이용하여 표현했다.

이 채점 기준들을 정리하면 다음과 같은 루브릭을 만들 수 있습니다.

핵심 역량	A	B	C
자기 표현 역량	제출한 학생들 간에 중복되지 않은 표현 방식을 사용했고, 지리 교과의 핵심 용어를 적절하게 선정했으며, 핵심 용어의 의미에 맞게 타이포그래피로 표현했다.	제출한 학생들 간에 중복되지 않은 표현 방식을 사용했고, 지리 교과의 핵심 용어를 적절하게 선정했다.	제출한 학생들 간에 중복되지 않은 표현 방식을 사용했다.
지리적 사고 역량	지리 교과의 핵심 용어를 선택한 이유를 잘 서술했고, 개념 정의 및 설명 쓰기 활동이 우수하다.	지리 교과의 핵심 용어를 선택한 이유를 서술했고, 개념 정의 및 설명 쓰기 활동을 수행했다.	지리 교과의 핵심 용어를 선택하고, 개념 정의 및 설명 쓰기 활동을 수행했다.
심미적 역량	타이포그래피를 3가지 이상의 색을 이용하여 표현했다.	타이포그래피를 2가지 색을 이용하여 표현했다.	타이포그래피를 1가지 색만 이용하여 표현했다.

    루브릭을 학생들에게 미리 제시하거나, 학생들과 함께 만들어도 좋습니다. 학생 활동의 가이드라인이 되기도 하니까요. 루브릭에 대한 자세한 내용은 『사회과 활동 중심 수업과 과정 중심 평가, 교육과학사』[2]를 참고하면 도움이 될 것입니다.

2. 오직 하나뿐인 지도 만들기 수업

    이제는 전국의 많은 지리 선생님들이 하는 활동이 되었습니다. 처음에 이 활동은 광주광역시 무진중학교 정겨운 선생님이 제안했습니다. 2015년 11월에 전국지리교사모임에서 발행한 아우라지 63호에도 관련 소개글이 담겨 있습니다. 그리고 이제는 여행지리 수업에까지 적용할 수 있는 보편화된 수업 방법이 되었습니다.

    수업 절차는 다음과 같습니다.

1. 가장 좋아하는(또는 가 보고 싶은, 왠지 끌리는 등) 나라의 이름을 쓰고, 위치를 지도에 표시한 후, 그 나라의 국경선을 연필로 그린다.

---

2) 임은진, 한동균, 김원예, 서지연, 조경철 공저, 2018, 사회과 활동 중심 수업과 과정 중심 평가, 교육과학사.

2. 그 나라와 관련된 이미지를 그리거나 떠오르는 단어(지형, 문화, 음식, 인물 등)를 써넣어 국경 안을 꽉 채운다.

3. 연필로 그린 국경선을 지우개로 쓱쓱 지운다.

4. 완성! 스스로 뿌듯함을 느끼고 주변 사람들과 공유한다.

5. 사인펜으로 선을 그리고, 그 안을 색연필로 칠하면 아주 예쁘다(샘플 참고).

6. 작품을 통해 강조하고 싶었던 내용을 300자 이내로 쓴다.

※ 유의 사항: 나라 이름은 반드시 연필로 쓴다. 우수작은 캘리그래피로 제목을 쓸 것임.

저는 여러 틀로 수업을 진행하다 이 틀에 세계지도를 넣기로 결정했습니다. 저는 지리에서 가장 중요한 개념을 꼽으라는 질문을 받는다면, 바로 "위치"라고 답할 것입니다.

> 저는 지리적 리터러시가 중요하다고 생각합니다. 지리적 리터러시는 위치를 아는 것입니다. 단순히 위치만 기억하게 하는 것은 중요한 것이 아닙니다. "어디야?"라는 질문에서 시작하여, '무엇이, 어떻게, 왜?' 현상이 일어나는지 알아보는 학문이 지리학입니다. 여러분, 위치를 알아야 합니다. 영어 공부에서 알파벳, 국어 공부에서 한글을 아는 것은 당연하게 여기면서, 왜 위치 공부를 등한시하나요? "어디야?"는 인간의 토대를 다루는 근본적인 질문입니다. 로빈슨 크루소가 무인도에 갇혔을 때 던진 첫 마디가 무엇일까요? 드라마의 흔한 소재로 나오는 기억상실증에서 깨어난 환자도 무엇이라고 말하나요? 일어나자마자 "나는 누구인가?"를 말하나요? "여기는 어디죠?"라는 말을 먼저 합니다. 인간은 공간 속에서 공간과 함께, 공간을 변화시켜 가며 살아가는 존재입니다. 그래서 인간을 호모 지오그래피쿠스(지리적 존재)라고 합니다.
>
> – 서태동 제작 통합사회 활동지 중에서

위치 학습을 정당화해야 한다고 여러 차례 글을 쓰기도 했습니다. 그림으로 하는 활동이지만, 그 활동 속에서 해당 지역이 어디에 있는지 꼭 기억하길 바라는 마음이 있었습니다. 오죽하면 '스토리로 외우는 지리 지명 특강'까지 블로그에 올렸을까요?[3] 그래서 비좁은 분량 속에서도 꼭 세계지도를 넣었습니다. 지역별 버스 정류장 디자인도 마찬가지입니다.

그러면 우수 사례를 살펴볼까요?

---

3) 제 블로그에서 '스토리로 외우는'을 검색하거나, https://blog.naver.com/coolstd/221551111139를 직접 입력하면 해당 영상과 자료를 볼 수 있습니다. 학생들이 좀 더 세계지도를 쉽게 외울 수 있는 방법을 고민하다 연구와 조언 끝에 영상으로 남겼습니다.

☆ 오직 하나뿐인 지도 ☆

'내가 좋아하는 것, 생각하는 것'으로 지도를 채우다.

| 2학년 ( )반 ( )번 |
| 이름: |

♡ 나라 이름:

* 지도에서 해당 나라의 위치를 표시해 봅시다

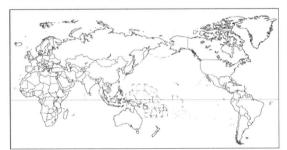

♡ 나만의 지도

☆ 작품을 통해 강조하고 싶었던 내용을 300자 이내로 쓰세요^^

그림 5-5 오직 하나뿐인 지도 만들기 활동지

☆ 오직 하나 뿐인 지도 ☆

'내가 좋아하는 것, 생각하는 것'으로 지도를 채우다.

2학년 (8)반 (   )번
이름:

1. 가장 좋아하는(또는 가보고 싶은, 왠지 끌리는 등) 나라 이름을 쓰고, 위치를 지도에 표시한 후, 그 나라의 국경선을 연필로 그린다.
2. 그 나라와 관련된 이미지를 그리거나 떠오르는 단어(지형, 문화, 음식, 인물 등)를 써넣어 국경 안을 꽉 채운다.
3. 연필로 그린 국경선을 지우개로 쓱쓱 지운다.
4. 완성! 스스로 뿌듯함을 느끼고 주변 사람들과 공유한다.
5. 싸인펜으로 쓰고, 안을 색연필로 칠하면 아주 예쁩니다(샘플 참고)
※ 유의 사항 - 나라 이름은 반드시 연필로 쓰세요. 우수작은 컬러그래피로 제목을 쓸 겁니다^^

♡ 나라 이름: 영국

★ 지도에서 해당 나라의 위치를 표시해봅시다

♡ 나만의 지도

☆ 작품을 통해 강조하고 싶었던 내용을 300자 이내로 쓰세요^^

　　사람들이 영국하면 딱 떠오르는 2층버스, 빅벤, 해리포터 등을 그림으로 그렸고
　그 외에도 영국의 유명한 명소, 특징들을 써넣고 잘 모르지만 알았으면 하는
　호텔, 로스트비프도 써넣었다.　　　　　　　　사람들이

그림 5-6 오직 하나뿐인 지도 만들기 학생 작품_영국

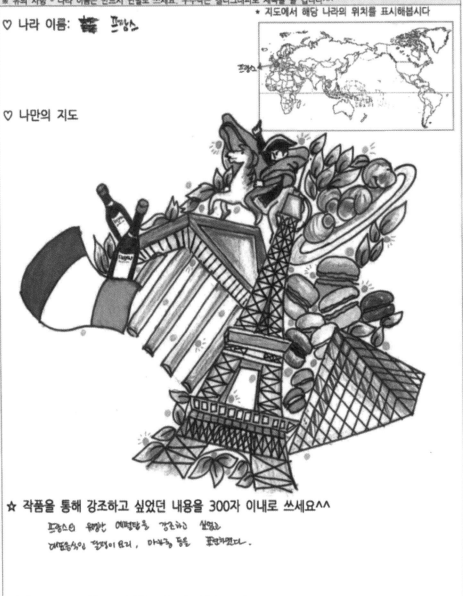

☆ 오직 하나 뿐인 지도 ☆
'내가 좋아하는 것, 생각하는 것'으로 지도를 채우다.

2학년 (6)반 ( )번
이름:

1. 가장 좋아하는(또는 가보고 싶은, 왠지 끌리는 등) 나라 이름을 쓰고, 위치를 지도에 표시한 후, 그 나라의 국경선을 연필로 그린다.
2. 그 나라와 관련된 이미지를 그리거나 떠오르는 단어(지형, 문화, 음식, 인물 등)를 써넣어 국경 안을 꽉 채운다.
3. 연필로 그린 국경선을 지우개로 쓱쓱 지운다.
4. 완성! 스스로 뿌듯함을 느끼고 주변 사람들과 공유한다
5. 싸인펜으로 쓰고, 안을 색연필로 칠하면 아주 예쁩니다(샘플 참고)
※ 유의 사항 - 나라 이름은 반드시 연필로 쓰세요. 우수작은 캘리그래피로 제목을 쓸 겁니다^^

* 지도에서 해당 나라의 위치를 표시해봅시다

♡ 나라 이름: 프랑스

♡ 나만의 지도

☆ 작품을 통해 강조하고 싶었던 내용을 300자 이내로 쓰세요^^

프랑스의 유명한 에펠탑을 강조하고 싶었고
대표음식인 달팽이 요리, 마카롱 등을 표현하면다.

그림 5-7 오직 하나뿐인 지도 만들기 학생 작품_프랑스

그림 5-8 세계 나라 사전

이와 같은 활동은 와이파이가 되는 환경에서 스마트폰만 있으면 가능합니다. 혹시 스마트폰을 활용할 수 없는 환경이나, 스마트폰을 쓰지만 좀 더 자료를 보완하고 싶은 분들을 위해 유용한 책을 하나 소개하겠습니다.

바로 『세계 나라 사전』입니다.[4)]

이 책의 장점은 해당 국가를 지면 1쪽에 관련 그림과 함께 넣었다는 점입니다. 그림이 어렵지도 않기 때문에 초등학교 수업은 물론 중학교 수업에서도 활용이 가능합니다. 그림 5-8과 같이 본문의 좌측 하단에는 지리 정보가 나와 있어서 지식적 측면에서 도움이 되고, 우측 하단에는 세계지도가 삽입되어 있어서 지구상에서 해당 나라의 위치가 어디인지 쉽게 알아볼 수 있도록 하였습니다. 오직 하나뿐인 지도 만들기 수업에 최고의 보조 교재라고 자부합니다.

오직 하나뿐인 지도 만들기는 2nd Edition도 있습니다.

그림 5-9와 5-10은 윤창호 선생님이 지도하는 구미여자고등학교 학생들의 자료입니다. 작품을 먼저 보시죠.

---

4) 테즈카 아케미, 2017, 세계 나라 사전, 사계절.

★ 앞에서 제시한 피해자의 아픔 또는 해결책을 알릴 수 있는 오직 하나 뿐인 지도를 만들어 보자.

1. 제작 의도: 아프리카 고유의 부족의 경계선을 무시하고 직선을 많으로 국경선을 긋는 강대국을 표현

2. 작품 설명:

그림 5-9 오직 하나뿐인 분쟁 지도 만들기 구미여고_아프리카 대륙

수업 콘서트

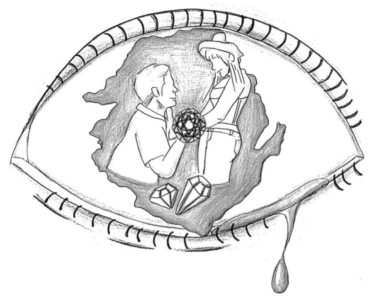

그림 5-10 오직 하나뿐인 분쟁 지도 만들기 구미여고_시에라리온

　저는 이 작품들을 처음 보는 순간 경악을 금치 못했습니다. 과연 학생들은 한계가 있기는 한 것일까? 정말 놀랐습니다. 이렇게 훌륭한 수업 결과물이 가능했던 것은 윤창호 선생님의 지도 덕분이라고 생각합니다. 독서와 연계하고, 모둠별로 진행했던 활동이었습니다.

- 이정록 외, 2016, 세계 분쟁 지역의 이해, 푸른길. (★★★)
- 김재명, 2015, 오늘의 세계 분쟁, 푸른길. (★★★★)
- 이창숙, 2015, 귀에 쏙쏙 들어오는 국제 분쟁 이야기, 사계절. (★)
- 구동회 외, 2010, 세계의 분쟁: 지도로 보는 지구촌의 분쟁과 갈등, 푸른길. (★★★)

★이 많을수록 어렵습니다.

　윤창호 선생님은 먼저 위의 책들을 모두 읽고 학생들에게 난이도(★)와 함께 제시했습니다. 학생들은 자신의 수준에 맞추어 책을 고른 후 활동으로 들어갑니다. 여기서 다른 선생님들께 드릴 수 있는 팁이 있습니다. 일반적으로 느낌을 적어서 내라고 하면, '좋았다', '나빴다'라고 간단하게 쓰는 학생들이 많습니다. 그래서 윤창호 선생님은 이러한 현상을 막기 위해 다음과 같은 장치를 마련했습니다.

느낀 점을 자세히 적습니다. '좋았다', '나빴다'라는 느낌보다는 특정 부분에 대한 생각, 느낀 감정 등을 적기 바랍니다. → 예 A 지역의 분쟁으로 인해 피해를 입은 아동들의 모습을 보며 슬픔과 분노를 느꼈습니다. 아무런 죄가 없는 아동들에게 피해가 가지 않는 방안이 필요하다고 생각하게 되었습니다.

이렇게 윤창호 선생님의 꼼꼼한 지도가 좋은 활동으로 이어지고, 그로 인해 멋진 결과물이 나온 것이라고 생각합니다.

3. 지역별 버스 정류장 디자인 수업

지역별 버스 정류장 디자인 수업은 서울 난곡중학교 조영매 선생님이 발굴하였고, 경기 성남 복정고 이나리 선생님이 발전시켰으며, 우측에 지도가 들어 있는 현재의 틀은 제가 개발했습니다. 바로 3차시 정도 수업이 가능하고, 수업 시간 내에 모든 활동이 이루어지며, 발표까지 할 수 있는 아주 좋은 수업 방법입니다.

그림 5-11
대구 공공 디자인

수업 방식은 간단합니다. 먼저 학생들에게 공공 디자인과 관련된 영상을 보여 줍니다. 영상은 유튜브에서 '대구 공공디자인'을 검색해도 되고, 그림 5-11의 QR코드를 통해 접속하셔도 됩니다. 한국일보 2016년 10월 25일자, 〈의경 박진수 씨 전주 대표 18곳 특색 살려 테마가 있는 버스 정류장 디자인〉 기사를 함께 보여 주면 더 도움이 됩니다. 그런 다음 세계의 이색적인 버스 정류장 디자인 사례를 인터넷으로 검색하여 보여 줍니다. 학생들은 보통 일본 이즈하에 있는 수박 모양의 버스 정류장과 우리나라 제주도에 있는 귤 모양 버스 정류장에 특히 관심을 보입니다. 이 수업을 발전시킨 복정고등학교 이나리 선생님이 보평중학교에 재직할 때 진행한 수업에서 만들어진 샘플 2가지를 보여드리겠습니다.

지리 버스 정류장 디자인 수업 활동지

2학년 ( )반 ( )번 이름: ( )

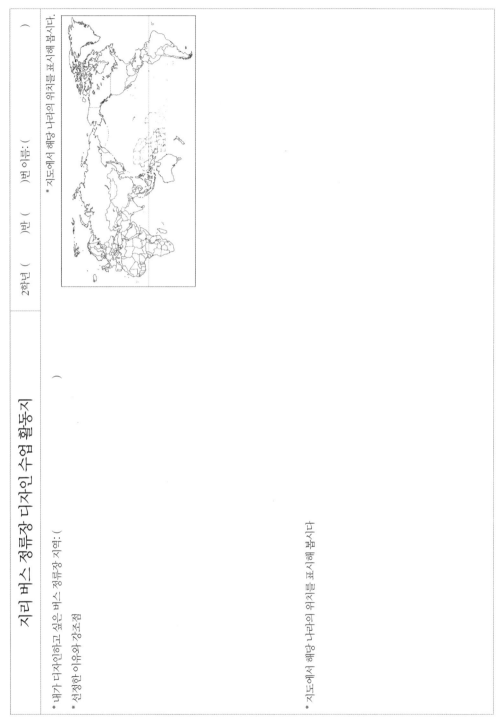

* 내가 디자인하고 싶은 버스 정류장 지역: ( )

* 선정한 이유와 강조점

* 지도에서 해당 나라의 위치를 표시해 봅시다.

* 지도에서 해당 나라의 위치를 표시해 봅시다.

그림 5-12 버스 정류장 디자인 수업 활동지

그림 5-13 보평중 지역별 버스 정류장 디자인 - 경북 영덕군

그림 5-14 보평중 지역별 버스 정류장 디자인 - 경기도 수원시

수업 콘서트

우리 학교에서는 다음과 같은 안내 사항과 함께 수업을 진행하였습니다.

> • 세계지도를 보고 버스 정류장을 만들 지역을 선정합니다. 나라를 선정해도 좋고, 도시를 선정해도 좋습니다.
> • 그림 실력보다는 지역성을 얼마나 잘 반영했는지를 봅니다.

그림 5-15~17은 우리 학교 학생들이 만든 작품입니다.

이 수업을 할 때 발표를 함께 진행하기도 했습니다. 그냥 발표를 하게 하면 정리하기 어려울 것 같아 다음과 같은 틀을 만들어 학생들에게 나누어 주고, 작품을 만들면서 작성하게 했습니다.

2019학년도 2학기 2학년 〈지역별 버스 정류장 디자인 수업 발표 개요〉
2학년 (   )반 (   )번 이름: (   )
① 제작 지역(나라 혹은 도시):
② 디자인에 담은 지리적 특성(자연환경, 인문환경)
③ 그 외 강조 사항

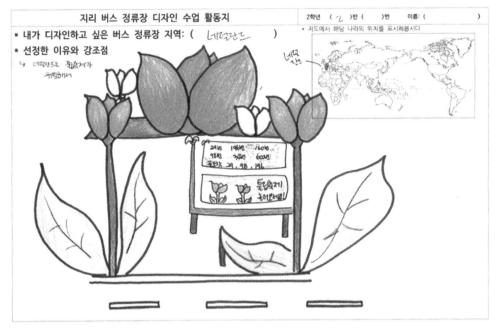

그림 5-15 버스 정류장 디자인_네덜란드

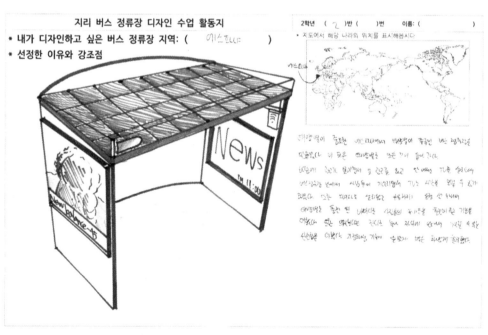

그림 5-16 버스 정류장 디자인_에스파냐

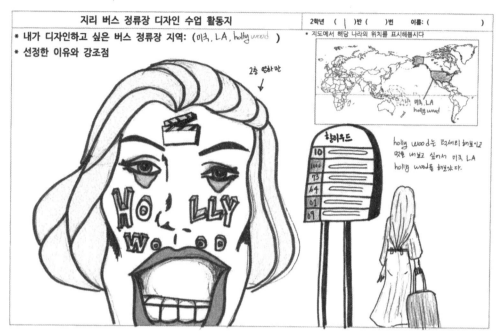

그림 5-17 버스 정류장 디자인_미국 할리우드

이외에도 정말 많은 활동들이 있습니다. 가령 지리티콘 만들기[5]도 있습니다. 그 활동은 그림 5-18의 QR코드로 올려 드립니다. 관심 있는 선생님들께서는 찾아보시기 바랍니다.

앞에서도 간단하게 제시하였지만, 이러한 활동을 진행할 때에는 유의할 사항이 있습니다. 그림 실력보다는 학생들이 지역성을 어떻게 잘 반영했는지를 보아야 합니다. 학생들마다 특성과 장점이 모두 다르기 때문입니다.

이러한 활동과 함께라면 취약 시기도 겁나지 않으시죠? ○○시네마보다는 지리 그리기 한마당 어떤가요?[6]

그림 5-18
지리티콘 만들기

---

5) QR코드로 접속이 어려우신 분들을 위해 사이트를 남깁니다. 제 블로그(http://blog.naver.com/coolstd)에 접속하여 검색창에 '지리티콘'을 검색해도 되고 https://blog.naver.com/coolstd/221497837449를 주소창에 입력해도 됩니다.

6) 더 많은 우수 자료는 제 블로그(http://blog.naver.com/coolstd)에 접속하여 검색창에 '지리 그리기'를 검색하면 됩니다. 2019학년도에도 실시한 지리 그리기 한마당 결과물도 블로그에서 볼 수 있습니다.

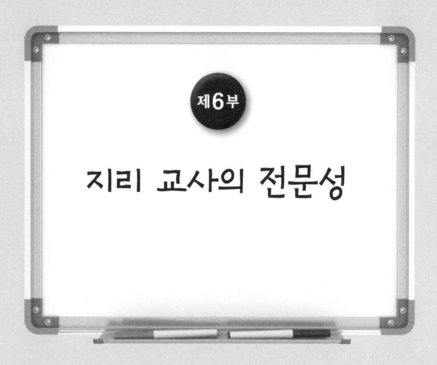

제6부

지리 교사의 전문성

전문성에 대한 여러 이야기가 있습니다. 교사는 전문가인가요? 교사들은 전문가라고 생각합니다다만, 외부에서는 그렇게 생각하지 않을 수도 있습니다. 전문가라면 어떤 모습이어야 할까요? 학문적인 면에서 전문가를 말씀드리려는 것이 아닙니다. 제가 생각하는 지리 교사의 전문성에 주목해서만 말씀드려볼까 합니다. 질문을 먼저 드리겠습니다.

"나는 왜 지리를 가르쳐야 하고, 학생들은 왜 지리를 배워야 하는가?"

이러한 질문에 대한 답을 찾아가는 과정이라면, 분명 전문가인 지리 교사의 모습이라고 생각합니다. 바로 답을 못한다고 전문가가 아니라는 이야기는 아닙니다. 이 질문을 놓고 고민을 하는 것만으로도 전문가로서 지리 교사는 성장해 나갈 수 있을 것이라고 믿습니다. 크게 네 가지 영역으로 나누어 말씀을 드리려고 합니다. 첫째로는 교사론, 둘째로는 수업론, 셋째로는 인간관계론, 그리고 넷째로는 드리고 싶은 말씀으로 구성했습니다.

먼저 교사론부터 말씀을 드려 보겠습니다. 2019년 2월 23일, JTBC 예능 프로그램 〈아는 형님〉 168화에 가수 코요태가 출연했습니다. 멤버 중 한 사람이 빽가입니다. 빽가는 상당한 캠핑 마니아입니다. "나에겐 캠핑이 곧 삶"이라고 말하기도 했습니다. 그때 자리에 앉아 있던 이수근 씨가 이렇게 말을 합니다.

"약간 좀 지리 선생님 같다. 지리!"

그러자 빽가는 칠판에 "지리"라고 크게 글씨를 썼습니다. '지리 선생님 같다'는 말은 무슨 뜻일까요? 허영만 화백의 작품 〈커피 한 잔 할까요?(102)〉를 살펴보겠습니다.

A: 혹시 잘하는 것 있으세요?

B: 술 마시는 것 자신 있습니다!

C: 형님, 선생님이셨다면서요?

B: 선생 나름이지. 난 …. 지리 선생이었어.

이 웹툰을 보고 엄청 화가 났습니다. 허영만 화백에게 단체로 항의 메일을 보낼까도 고민했습니다. 두 작품을 보고 한번 생각해 볼까요?

> 내가 생각하는 이상적인 지리 교사는 어떤 모습일까요?
> 일반인이 생각하는 지리 교사는 어떤 모습일까요?
> 일반인이 생각하는 지리 교과는 어떤 모습일까요?

아주 근본적인 질문입니다. 전문가로서 지리 교사의 모습을 찾아보기 위해서는 이렇게 근본적으로 접근을 시작해야 합니다. 잠시 생각해 보세요.

저는 10년 전쯤에 받았던 질문을 아직도 잊지 못하고 기억하고 있습니다. 당시 제가 교과와 전혀 상관없는 독서 모임에 나갔을 때였습니다. 그때까지도 저는 자기 계발에 관심이 많았고, 그 모임도 리더십과 관련된 것이었지요. 그때 한 분이 오셔서 자신을 소개하였습니다. 본인은 초등학교 4학년 학부모이고, 직업 군인이라고 했습니다. 그래서 저는 교사라고 소개했더니 바로 저에게 질문을 했습니다.

"선생님의 교육철학이 뭐예요?"

이 질문을 받고 먼저 굉장히 당혹스러웠습니다. 교육철학, 교육철학, ….

당시 저는 예술고등학교에 근무하고 있었습니다. 예술고 학생들은 수능에서 수학 시험에는 거의 응시하지 않습니다. 반면 사회탐구영역은 상당히 중요한 부분이었지요. 그때 저는 한국지리를 가르쳤는데요. "서태동의 교육철학은 학생들이 한국지리 1등급을 받게 하는 것"이라는 말이 목구멍까지 차올랐지만 끝내 대답을 하지 못했습니다. 화도 났습니다.

"나에 대해 알기나 하고 묻는 것인가?"

초면인데 정말 무례하다고 생각했습니다. 하지만 그 질문은 계속해서 저를 붙잡고 있었습니다. 왜 대답하지 못했는지 고민했습니다. 한국지리 1등급을 받게 하는 것이 교육철학은 아니기 때문에 말을 못했다고 생각합니다. 선생님들께서는 어떠하신지요? "선생님! 선생님의 교육철학은 무엇인가요?"라는 질문을 갑자기 받는다면, 선생님은 어떠할까요? 지금 제가 질문을 드려 봅니다.

"선생님의 교육철학은 무엇인가요?"

만약 지금 다시 같은 질문을 받는다면 저는 주저없이 말할 수 있습니다. 이 책의 구성과도 일 치하기 때문이고, 책의 여러 부분에서 언급했기 때문이지요.

"서태동의 교육철학은 학생들의 자기표현능력을 기르는 것입니다."

그래서 저는 이러한 교육철학을 구현하기 위해 말하기, 글쓰기, 그리기 활동으로 수업을 구성 하고 있습니다. 예전에 국어과 출신 장학사님과 언쟁이 붙었던 적이 있습니다. 장학사님이 먼저 저에게 물었습니다.

장학사: 서태동 선생님은 수업을 어떻게 하세요?
서태동: 저는 말하기, 글쓰기, 그리기 활동을 주로 합니다.
장학사: 그건 국어과에서 하는 것 아닌가요? 왜 지리 시간에 그렇게 하지요?

말을 듣다가, 제가 화가 나서 이렇게 말했습니다.

서태동: 장학사님! 교육 잘 모르시죠? 제가 하는 것이 지리 교육입니다. 방점을 어디에 찍느냐 에 따라 다른 거죠. 지리에 방점을 찍느냐, 교육에 방점을 찍느냐가 초점이 아니겠습니 까? 교육에 방점을 찍으면 당연히 지리에서도 말하기, 글쓰기, 그리기를 할 수 있는 것 이죠, 지리는 훌륭한 학습 콘텐츠가 되는 것이지요.

더 말하면 크게 싸우게 될까 봐 여기서 그쳤습니다. 그렇습니다. 제 수업은 강의와 활동으로 구성되고, 활동은 주로 말하기, 글쓰기, 그리기로 이루어집니다.

절판이 되었지만 좋은 책을 한 권 소개해 드리려고 합니다. 제가 석사 과정 파견 갔을 때 지도 교수님이 추천을 해 주셔서 바로 읽었던 책입니다. 그때는 그렇게 크게 감응이 없었는데요. 교사의 전문성에 대한 강의를 준비하면서 왠지 그 책이 생각났고, 그래서 다시 책을 펴서 읽어 보게 되었습니다.

책이 나를 부를 때, 그때 읽으면 시너지 효과가 큰 것 같습니다. 지금 읽는 책이 별로 마음에 들지 않는다면 책의 내용이 별로 좋지 않을 수도 있고, 책을 읽는 사람의 상태(심리, 지식, 여유)가 별로 좋지 않을 수도 있는 것이죠. 지금 소개해 드릴 책은 『교사는 어떻게 단련되는가』[1]라는 책입니다. 절판되었지만 중고 서점에서는 구할 수 있을 것입니다. 아니면 도서관에서 빌려 보셔도 좋을 것 같습니다. 혹시 사회과 전문적 학습 공동체를 운영할 때 함께 읽으면 좋을 책을 추천해 달라고 부탁 받는다면, 저는 이 책을 가장 먼저 추천해 드리고 싶습니다. 뒷부분에서는 이 책의 주요 내용을 소개하고, 제 의견을 말씀드리겠습니다.

제목답게 교사는 끊임없이 단련해야 합니다. 교사는 다 안다고 생각하지만, 실제로 다 알 수는 없는 것이잖아요. 그것이 전공 지식이든, 교육학 지식이든, 학생 상담이든. 교사가 갖추어야 할 역량은 정말 끝이 없다고 생각합니다. 내가 다 알지 못한다는 것을 알기 위해서는 계속해서 자기 자신에게 질문을 하는 것이 중요합니다. 또한 주변에 자극을 주는 사람이 많아도 나의 무지를 알 수 있게 됩니다. 제 주변에는 감사하게도 그러한 분들이 많습니다. 제 부족한 지리력을 보완해 주시는 소중한 분들이지요. 그리고 교사로서 지식 측면에서 전문성을 향상시키기 위해 다른 선생님의 강의(인터넷 강의 포함)와 저서들도 끊임없이 읽어왔습니다.

책을 하나 더 소개해 드리겠습니다. 두 권으로 구성된 시리즈입니다. 『똑똑한 지리책 1 – 자연지리』[2], 『똑똑한 지리책 2 – 인문지리』[3]입니다. 사실 이 책은 거의 출간되자마자 샀던 기억이 납니다. 그리고는 읽지 않고 그냥 두었습니다. 주변에서 좋다는 말도 들었지만, 그래도 중학생들이 읽는 책인데 내가 모르는 내용이 있을까 싶어 자만하고 읽지 않았습니다. 그러다 우연한 기회에 그 책을 꺼내 읽게 되었는데 읽고 나서 바로 후회했습니다. 진작 읽어 볼 걸….

저에게 영감을 주었던 부분을 질문으로 만들어 보았습니다. 선생님들께서는 바로 답을 하실 수 있으신지요? 저는 읽으면서 무릎을 탁 쳤답니다. "아, 이래서 그렇게 되는 거구나!"

---

1) 아리타 카츠마사 저, 이경규 역, 2001, 교사는 어떻게 단련되는가, 우리교육.
2) 김진수, 2014, 똑똑한 지리책 1 – 자연지리, 휴먼어린이.
3) 김진수, 2014, 똑똑한 지리책 2 – 인문지리, 휴먼어린이.

질문 1. 열대우림기후 지역에는 나무가 빽빽한 정글, 밀림이 있다. 다층 수관도 인상적이다. 반면 사바나기후 지역에는 나무가 듬성듬성 있고, 풀이 자란다. 사바나기후 지역에서 나무가 듬성듬성 자라는 이유는 무엇일까?

질문 2. 우리나라에서는 홍수가 나면 1년 농사를 망친다. 그런데 이집트의 경우는 다르다. 헤로도토스는 "이집트는 나일강의 선물"이라고 했다. 나일강의 범람이 이집트에는 큰 도움이 되었다고 했는데 그 이유는 무엇일까?

질문 3. 우리나라 사람들은 집 안으로 들어갈 때 신발을 벗고 들어가고, 좌식 생활에 익숙하다. 서유럽 사람들은 집 안에 신발을 신고 들어간다. 이러한 차이를 자연환경과 관련하여 설명해 보자.

임용시험에서 전공지리 서술형 문항으로 이와 같은 질문들이 나왔다면 선생님들께서는 바로 답을 쓰실 수 있으신지요? 저는 매우 어려웠을 것 같습니다. 오프라인에서 만나면 답을 말씀드릴 수 있겠지만, 여기서는 질문만 하도록 하겠습니다. 아마 많은 선생님들께서는 바로 답을 말씀하실 수도 있습니다. 책을 찾아보시죠. 특히 질문 2는 저의 오랜 질문 거리이기도 했습니다. 중학생들이 읽는 이 책을 읽다가 드디어 오랜 고민을 해결할 수 있었습니다. 똑똑한 지리책 서문에는 다음과 같이 적혀 있습니다.

> 중학교에 가기 전 미리 읽어 두거나, 중학생이 된 후 지리 때문에 답답할 때 읽어도 좋아. 아마 골치 아픈 '사회'가 쉬워지는 행복한 경험을 하게 될 거야.

다시 제가 모르는 것이 참 많다는 점을 깨닫고, 겸손한 마음으로 열심히 공부해야겠다고 다짐하게 한 책이 바로 이 책입니다.

연수를 자주 다니다 보면 다양한 자료를 얻게 됩니다. 그리고 경력이 쌓이다 보면 차근차근 자료가 모이게 됩니다. 그런데 다른 선생님들이 만든 자료는 사용할 수가 없습니다. 왜냐하면 제가 만든 것이 아니기 때문이지요. 저는 계속해서 통합사회 활동지 외 여러 자료를 다른 선생님들과 나눔하고 있습니다. 이처럼 나눔을 하는 것은 아이디어 공유의 차원입니다. 다른 사람의 자료에서는 아이디어만 얻고, 얻은 아이디어를 제 호흡에 맞추어 재구성해야만 수업 자료로 쓸 수 있습니다. 정작 제가 만든 자료이지만 수업이 끝나고 나면 수정되는 경우도 많습니다. 내 지리로 만들고, 내 지리로 수업을 해야 합니다. 그러니까 너무 많은 자료를 탐하지 않으면 좋겠습니다.

둘째, 수업론으로 넘어가 보겠습니다. 함께 생각할 질문을 드려 봅니다.

"나는 내 수업을 위해 얼마나 노력하는가?"

"나는 내 수업을 위해 어떻게 노력하는가?"

책을 잠시 덮고, 한번 돌이켜 생각해 보십시오.

저는 수업을 위해서는 토대가 필요하다고 생각합니다. 제가 강의했던 여러 연수 프로그램에서도 토대가 수업의 시작이라고 말씀드리곤 했습니다. 토대는 크게 3가지로 구성됩니다. 물리적 토대, 경제적 토대, 시간적 토대입니다. 하나씩 살펴볼까요?

물리적 토대는 그림 6-1과 같습니다. 손수레와 필기구 세트입니다.

이렇게 준비가 되어 있을 때와 그렇지 않을 때 학생참여형 수업, 활동형 수업을 진행하는 데 큰 차이가 납니다. 저는 남녀공학에 계속 근무하고 있습니다. 남녀공학에서는 남학생 학부모님들이 수행평가와 관련하여 민원을 넣을 때가 있습니다. 아무래도 남학생들이 비교적 수행평가에서 약한 부분이 많이 나타나기 때문이겠죠? 저는 그 문제의 시작을 준비도 면에서 접근해 보

그림 6-1 수업에 필요한 물리적 토대

았습니다.

제가 교실에 들어가서 남학생 반, 여학생 반에게 안내를 합니다.

"다음 시간에는 그리기 활동을 할 예정이니 집에 있는 사인펜, 색연필 등을 챙겨 오세요."

그리고 다음 시간에 수업을 들어갑니다. 남학생 반에서 챙겨왔다고 손을 번쩍 들며 자랑하는 학생이 보입니다. 그 친구에게 무엇을 준비해 왔냐고 물었더니 이렇게 말합니다.

"삼색 볼펜이요!"

마찬가지로 여학생 반에 들어가서 준비물을 확인해 봅니다. 쓰윽, 48색 색연필 세트를 꺼냅니다. 준비도부터 다르다는 것이지요. 그 차이를 줄이고자 물리적 토대를 갖추어야 합니다. 여러 학교에서 말씀을 드리다 보니 구비했다는 연락이 가끔 오기도 합니다.

수레를 이용하면 교실로 가져가기 정말 편합니다. 학교에 엘리베이터가 있다면 다른 층으로도 가져갈 수 있습니다. 다만 가장 좋은 방법은 교과 교실에 비치해 두는 것입니다. 저는 늘 꿈을 꿉니다. 지리 교과 교실!

하지만 토대를 갖출 때 유의할 사항이 있습니다. 제가 좋아하는 책인 『나의 책읽기 수업』을 읽다가 정말 많은 위안과 정신적 안정을 가지게 되었습니다. 한 반 수업이 끝나고 나면, 사인펜 2~3개는 없어지고, 색연필도 없어집니다. 그렇게 되면 학생들이 미워지거든요. 다음 글을 한 번 보시죠.

> 4인 모둠인데 다섯 권의 책을 갖추는 건, 책을 잃어버리기 때문이다. 교실에 책을 가져간 후 그 시간에 확인을 하고 다 걷어오더라도 희한하게 책이 사라진다. 이게 신경이 쓰인다. 하나가 비면 다음 반 수업이 불가능하니 말이다. 그래서 나는 꼭 책을 한 권 더 사 두고 책이 사라지면 속으로 흐뭇해한다.
> '내가 그럴 줄 알았어. 나는 당황하지 않아. 한 권 없어질 걸 알았거든. 예상대로야.'
> 사소한 문제 같아 보이지만, 교사의 정신적 안정을 위해 책은 꼭 한 권 더 사 두자.[4]

책도 잃어버리는데 사인펜, 색연필이 없어지는 것은 어찌 보면 당연한 결과입니다. 그러니 필기구 세트는 여유 있게 준비해야 합니다. 자연스럽게 경제적 토대로 이어지네요. 경제적 토대는 예산입니다. 저는 학교에서 늘 예산을 많이 신청합니다. 지리데이를 운영하고, 학생참여형 수업

---

[4] 송승훈, 2019, 나의 책읽기 수업, 출판사, 213, 214쪽.

활동 관련 자료를 사려면 많은 예산이 필요하기 때문입니다. 그래서 정말 많이 써서 제출합니다. 당연히 깎이죠. 그런데 조금 써서 제출해도 깎이는 것은 마찬가지입니다. 예산을 많이 요청하고, 배정 받아 학생들에게 도움이 되는 교육 활동을 위해 쓰면 되는 것이지요.

세 번째는 시간적 토대입니다. 시간적 토대는 교육과정을 말합니다. 교사들은 주별 시수가 정해져 있습니다. 만약 1학년 1반을 1주일에 1시간씩 수업을 들어가게 된다면 1단위를 맡았다고 말합니다. 통합사회는 학교마다 3단위 또는 4단위로 편성되어 있습니다. 1주일에 1학년 1반은 통합사회를 3시간 또는 4시간을 배우게 된다는 뜻입니다. 그런데 학교마다 수업 시수 배정 방법이 다르기도 합니다. 이른바 반떼기와 단원떼기로 구분할 수 있습니다. 1~4반까지는 A선생님이, 5~8반까지는 B선생님이 들어가서 수업을 하는 것을 반떼기라고 부릅니다. 반떼기를 하면 활동을 많이 할 수 있습니다. 그런데 지필 평가 문항을 출제할 때 곤란한 경우가 생기기도 합니다. 통합사회 수업을 다른 전공 교사들이 들어갔을 때 강조하는 부분이 다를 수 있거든요. 그것을 막기 위해서는 수시로 협의회를 진행해야 합니다. 단원떼기는 1~8반까지 A선생님이 1시간, B선생님이 2시간씩 들어가는 것을 말합니다. 단원떼기에서는 교사가 가르친 부분만 지필 평가 문항으로 출제할 수 있기 때문에 공정하다고 볼 수 있습니다. 또한 통합사회 담당 교사들끼리 협의회를 자주 하지 않아도 됩니다. 그런데 주당 1시간만 수업을 들어가면 정해진 진도를 마치기에도 부족합니다. 그러니 1단위로 활동을 할 수 있다는 생각은 버려야 합니다.

여기서 잠깐, 강의와 활동에 대해 잠시 살펴보겠습니다. 2015 개정교육과정이 도입되면서 학생참여형 수업에 대한 강조가 여기저기서 들립니다. 그래서 많은 활동이 교실에서 이루어지고 있습니다. 한편으로는 고민이 됩니다. 활동을 위한 활동을 하고 있는 것은 아닌가? 학생참여형 수업이라는 이름으로 내가 해야 할 수업을 학생들에게 전가하고 있는 것은 아닌가? 지리 교과의 특성상, 또는 사회과의 특성상 핵심 개념이라는 것이 존재합니다. 핵심 개념을 학생들에게 활동을 통해 이해시키는 것은 상당한 시간과 노력이 필요합니다. 그리고 활동을 통해 핵심 개념을 이해시키려다 오히려 오개념이 형성되는 것을 많이 보기도 했습니다. 따라서 선생님의 조절이 중요합니다. 학생들 중에는 강의를 선호하는 학생들이 있고, 활동을 선호하는 학생들이 있습니다. 교사도 마찬가지입니다. 강의를 선호하는 교사, 활동을 선호하는 교사로 말이죠. 선생님은 교육과정 전문가이자 수업 전문가입니다. 선생님이 해당 주제에 적합한 교수-학습 방법을 고민하고, 실천해 나가야 합니다. 활동을 할 부분에는 활동을 배정하고, 강의가 필요한 부분에는 강의를 해야 합니다. 지식의 토대 위에서 창의성과 문제 해결력이 나오는 것이라고 저는 믿습니다. 그래서 다음과 같이 세계에서 가장 유명한 철학자 중 한 사람인 칸트를 오마주하여 문장을 만들었습니다.

교사는 늘 수업을 고민합니다. 교사가 지금 하고 있는 활동, 읽고 있는 책, 심지어 보고 있는 TV 프로그램이나 영화 모두 훌륭한 수업 자료가 됩니다. 이와 같이 교사가 생활 속에서 수업 자료를 뽑아 내는 능력을 '수업 콘텐츠 민감성'이라고 제가 이름 붙였습니다. 수업 콘텐츠 민감성을 올리려면 당연히 메모가 중요합니다. 끊임없이 메모할 곳을 만들어야 합니다. 강의와 책 쓰기를 준비하면서도 계속해서 내게 쓴 메시지로 메모했습니다. 종이 수첩, 메모지도 좋고, 메신저 앱에서 내게 쓴 메시지 등을 활용하는 방법도 좋습니다. 예전에 에버노트를 사용하려고 했다가, 3대 이상 기기에 동시에 설치하면 유료로 전환된다고 해서, 이용하지 않았던 기억이 납니다. 전주 솔내고에 근무하는 이태우 선생님께 이런 문제를 이야기했더니, 바로 앱을 하나 추천해 주었습니다. 마이크로소프트에서 제공하는 '원노트(onenote)'라는 앱입니다. 아이디만 있으면 어디서든 설치할 수 있고, 동기화도 잘 되는 편이어서, 저는 섹션을 구분하여 원노트에 메모를 즐겨합니다. 어디든 메모할 창구를 마련하는 것이 중요한 것이지요. 생각이 났을 때 적어 두지 않으면 필요할 때 엮어 내지 못하게 됩니다. 원노트 외에 주로 제가 메모하는 곳은 블로그입니다. 블로그에 독서 자료나 수업 아이디어 등을 메모해 두었다가 수업을 준비할 때 검색해 봅니다. 정리해 두었지만 쓰지 못한 자료들도 꽤 있더군요. 구슬이 서말이어도 꿰어야 보배라는 말이 있습니다. 잘 엮어 내야 그만한 가치가 생긴다는 것이지요. 처음에 메모할 것이 없다고 걱

정하지 마세요. 일단 꾸준히 적어 두다 보면 나중에 다 수업 아이디어가 됩니다.

이제 다음 질문을 드려보겠습니다.

"10년, 20년 후 학생들은 내 수업에서 무엇이 기억에 남을까?"

우리 학생들이 10년 후, 20년 후에 제 수업을 어떻게 기억할까요? 학생들이 여전히 한반도 지형 형성 과정을 기억하고 있을까요? 쾨펜의 기후 구분을 써 볼 수 있을까요? 아마 아닐 겁니다. 그러한 지식들은 대체로 모두 사라져 버리고, 수업의 느낌만 남을 겁니다. 그렇다고 지식이 중요하지 않다는 것은 아닙니다. 이성적 접근도 매우 중요하지만, 그만큼 감성적 접근에도 신경을 써야 한다는 것이지요. 그래서 저는 사진과 영상은 무조건 예쁜 것으로 준비합니다. 느낌만이 기억에 남을 것이기 때문입니다. 그림 6-2, 6-3을 보면 정말 멋지지 않나요?

그리고 수업 내용보다는 교사에 대한 기억이 더 남을 것입니다. "우리 선생님은 재미있었어.", "그 누구보다 열정적이었어.", "학생들을 정말 많이 생각했었지." 등으로 말이죠. 우리 다시 생각해 봅시다. 선생님들께서 자라면서 만난 선생님들은 어떤 모습이었나요? 지리 선생님은 어떤 사람이었나요? 사회 선생님에 대한 기억으로는 어떤 것이 남아 있나요?

2019학년도 서태동의 수업 키워드는 '커트북'입니다. 커트북은 다음과 같은 뜻입니다. 제가 이런 조어를 좋아합니다.

- 커: 커리어 → 진로 연계 → 진지TED
- 트: 트렌드 → 트렌드 코리아 2019 교육과정 적용 → 플라스틱 수업 진행(필환경시대)
- 북: 북(book) → 독서 연계 수업(서평 쓰기)

트렌드 코리아 시리즈를 안 읽고 끝까지 버텼습니다. 대표 저자 덕분입니다. '아프니까 청춘이다'를 외쳤던 저자 때문이지요. 아프면 환자입니다. 병원에 가야지요. 대표 저자에 대한 좋지 않은 느낌 때문에 책을 안 읽고 있다가 충남 홍성고등학교 김하나 선생님의 강력한 추천으로 1년의 절반이 지나갔을 때인 2018년 6월쯤부터 『트렌드 코리아 2018』을 읽기 시작했습니다. 읽고 나서 바로 후회했습니다. 미리 읽을 것을 …. 당시 트렌드에는 지리 수업에 반영할 내용이 많았습니다. '워라밸, 언택트, 나만의 케렌시아 등'의 개념이지요. 다들 잘 알고 있는 용어이기 때문에 '나만의 케렌시아'만 살펴보겠습니다. 케렌시아는 안식처를 뜻하는 에스파냐어로, 투우장에서 소가 마지막 일전을 앞두고 홀로 잠시 숨을 고르는 자기만의 공간을 뜻합니다. 공간과 장

그림 6-2 우유니 소금사막에서 경북 영천 영동고 박동한 선생님

그림 6-3 아르볼 데 피에드라(Árbol de Piedra)의 버섯바위에서 전주 솔내고 이태우 선생님

수업 콘서트

소를 다루는 지리에서 주목할 만한 개념이라고 볼 수 있지요.

　모든 학생들에게 적용하기에는 이미 늦어, 동아리 학생들과 활동을 만들어 보았습니다. 각각 여행 플래너와 호텔리어를 지망하는 학생들에게 그해 트렌드와 연결하여 간단한 보고서를 써 오게 했습니다. 그리고 발표를 시켰고, 생기부 동아리 활동에 넣었습니다.

> 　저출산, 고령화가 여행업에 미칠 영향과 1인 가구의 증가가 여행업에 미칠 영향에 대하여 간단하게 페이퍼를 작성함. '트렌드 코리아 2018(김난도 외)'를 읽고, 2018년 10대 소비 트렌드 키워드를 조사함. 이러한 트렌드가 여행업에 미칠 영향을 글로 작성함.
>
> 　최신 트렌드 파악을 위해 메가 트렌드 연구 활동을 진행함. 저출산, 고령화가 호텔업에 미칠 영향과 1인 가구의 증가가 호텔업에 미칠 영향에 대하여 간단하게 페이퍼를 작성함(2018. 07. 18.). '트렌드 코리아 2018(김난도 외)'를 읽고, 2018년 10대 소비 트렌드 키워드를 조사하고, 이러한 트렌드가 호텔업에 미칠 영향을 글로 정리함. 특히 워라밸, 언택트 기술, 매력 자본과 같은 키워드를 바탕으로 호텔업의 발전 방향에 대해 고민한 흔적을 글로 보여 줌.

　미리 읽지 않음을 후회한 다음, 2019년 10월을 계속해서 기다렸습니다. 10월 후반경 '트렌드 코리아 2019'가 나와서 바로 구매했고, 거기서 '필환경시대'를 발견했습니다. 그동안 환경을 생각하는 소비가 '하면 좋은 것' 혹은 자신의 개념을 드러내는 것이었다면, 이제는 살아남기 위해서 반드시 선택해야 하는 필(必)환경시대가 되었습니다.

　당시 '최선을 다하는 지리 선생님 모임'의 회장을 하고 있을 때여서 '트렌드 코리아 2019'를 교육과정에 어떻게 녹여낼지 T/F를 만들었습니다. 당시 회원이었던 경북대사대부고 강문철 선생님은 다음과 같은 아이디어를 냈습니다.

> 　트렌드 코리아 2019에서 자신의 진로 및 관심 분야 1주제 선정 + 교과서에서 관련 단원 찾아 연결 짓기 → 챕터 요약문 제출(1차 평가) → 관련 도서 찾아 읽기 → 독서 보고서 제출(2차 평가) → 북 콘서트(3차 평가) → 평가 완료 및 기록

　이 아이디어만으로도 한 학기 또는 1년 단위 활동을 구성할 수 있습니다. 저는 실천하지 못했습니다만 선생님들께서는 한번 시도해 보시기 바랍니다. 저는 대신 통합사회 수업에 녹여 보기로 했습니다. '필환경시대' 개념에 주목하여 플라스틱 문제에 접근해 보았습니다.

수업은 다음과 같은 절차로 진행됩니다.

일상 속 플라스틱 찾기 → 영상을 통한 문제점 인식 → 성찰의 시간(지구의 날 엽서 쓰기 활동)

그림 6-4는 내셔널 지오그래픽 잡지의 표지입니다. 이 그림을 처음 보았을 때 왜 이런 사진을 표지에 넣었는지 의문이 들어 자세히 보게 되었는데, 온몸에 전율이 들었습니다. 학생들과 이 표지의 이름 붙이기 활동도 가능합니다. 이러한 답을 얻을 수도 있겠지요.

"플라스틱 오염은 빙산의 일각에 불과하다."

플라스틱이 처음 등장했을 때 프레온 가스처럼 엄청나게 주목을 받았습니다. 그리고 지금 우리는 엄청나게 많은 플라스틱을 소비하며 살아가고 있습니다.

"목재, 벽돌보다 값싸고 모양 성형이 쉬운 새로운 자재, 플라스틱의 등장!"

– 경향신문, 1959년 3월 17일

우리 주변에서 쉽게 볼 수 있는 플라스틱부터 찾아야 했습니다. 그래서 다음과 같은 활동을 진행했습니다.

지금 주변에서 바로 찾을 수 있는 플라스틱 5개 써 보기
1. 개인당 5개씩 플라스틱 제품 쓰기
2. 모둠에서 논의하기
3. 모둠별로 대표가 칠판에 3개씩 쓰기(앞 모둠이 쓴 제품은 쓸 수 없음.)

활동지에 개인당 5개씩 플라스틱 제품을 찾아 써 보고, 모둠에서 논의한 후 3개만 칠판에 대표 학생이 씁니다. 앞 모둠이 쓴 제품은 쓸 수 없도록 하는 것은 일종의 게임 요소입니다.

함께 읽기 자료를 읽고, 관련 영상을 봅니다. 플라스틱 때문에 죽어가는 동물들을 학생들에게 의도적으로 보여 주었습니다. 학생들이 동물들의 아픔을 자신의 아픔으로 공감하는 모습을 볼 수 있었습니다. 환경 문제는 수업할 때마다 참 조심스러운 부분이 많습니다. 가치 중립적으로 환경 문제를 가르치는 것은 가능할까요? 저는 팩트만 알려 주는 환경 수업은 환경 교육을 하는 정당성에 맞지 않는다고 생각합니다. 환경 수업에서는 필연적으로 교수자의 의도, 교수자의 가

164

그림 6-4 플래닛 or 플라스틱?

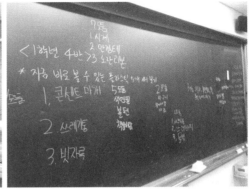

그림 6-5 지금 바로 볼 수 있는 플라스틱 모둠별로 3개씩 칠판에 써 보기

치가 내재될 수밖에 없다고 생각합니다. 사실 저는 모든 수업이 다 그렇다고 생각합니다.

영상을 통해 플라스틱 쓰레기 문제를 해결하기 위한 일상에서의 작은 실천을 확인하고, 지구의 날 엽서 쓰기 활동을 진행합니다. 4월 지리데이를 위해 3월에 엽서 디자인을 맡겼습니다. 그림은 지리 교육계의 금손 복정고 이나리 선생님이 그려 주셨고, 틀은 제가 잡은 후 전문 디자인 업체에 맡겼습니다. 전문가의 손길이라 생각보다 고퀄리티의 엽서를 받게 되었습니다.

학생들은 판을 깔아 주면 참 잘합니다. 교사의 역할은 그 판을 깔아 주는 일입니다. 토대가 역시 중요합니다. 교육과정 토대를 통해 통합사회 시간이 더 많았다면, 이 활동을 5차시 정도까지 진행할 수 있을 듯했습니다. 불과 1시간 수업으로는 환경 문제를 가르치기에 턱없이 부족합니다. 하지만 불과 1시간 수업만으로도 학생들이 쓰레기를 버릴 때 움찔하거나, 그러면 안 된다는 생각이 조금이라도 들게 되었다면 그 자체로 수업은 성공적이라고 생각합니다. 교육은 장기성을 가지고 있어서 투입 대비 효과가 바로 나오지는 않습니다. 교사가 판을 깔아 주고, 학생들은 수업을 통해 배우고 스스로 생각한다면 세상은 조금이나마 지금보다 좋은 방향으로 바뀌지 않을까 기대합니다. 플라스틱 수업과 관련된 자료는 그림 6-6의 QR코드[5]를 참고해 주세요. 어떻게 한 차시에 녹여 냈는지를 보실 수 있습니다. 전에도 말씀드렸듯이, 한 차시로 활동을 하기에는 정말 벅찹니다. 그래도 여러 모로 도움이 될 것이라고 생각합니다. 아이디어만 얻는 것이죠.

그림 6-6 플라스틱 관련 수업

---

5) QR코드로 접속이 어려우신 분들을 위해 사이트를 남깁니다. 제 블로그에 방문하신 후 검색창에 플라스틱으로 검색해도 되고, 바로 https://blog.naver.com/coolstd/221513998158을 주소창에 입력해도 됩니다.

그림 6-7 플라스틱 제로 챌린지 참여

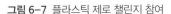

그림 6-8 지구의 날 기념 4월 지리데이 엽서   **그림 6-9** 학생들이 쓴 지구의 날 엽서 쓰기 활동

그림 6-10 플라스틱 섬을 찾아서 수업 장면

교사론, 수업론에 이어 인간관계론을 살펴볼까 합니다. '무슨 교사 전문성에 인간관계론까지 나오느냐? 너는 인간관계가 좋으냐?'고 물으신다면 아니라고 말씀드립니다. 그런데 교직 사회가 참 좁아 평판이 중요하기도 하고요. 나의 부족한 능력을 보완해 주는 것도 결국에는 네트워크, 즉 인간관계라는 것을 알게 되었기 때문입니다. 또한 선생님들과의 관계를 통해 저 또한 성장해왔다는 강력한 믿음이 있습니다. 인간관계론을 살펴보시죠.

> 스티븐 존슨은 1990년대에 캐나다 맥길대학교의 케빈 던바 교수가 4곳의 분자생물학연구소에서 연구원들을 관찰했을 때 발견한 점을 들려 주면서 혁신이 어떻게 일어나는지 알려주고 있다. 던바 교수의 연구를 보면 고립된 유레카 순간은 드문 일이다. 대부분의 탁월한 아이디어는 10여 명의 연구원들이 모여 비공식적으로 최근 연구를 발표하고 토론하는 규칙적인 미팅에서 생겨난다. 던바 교수가 만든 아이디어 형성 지도를 살펴보면 현미경이 아니라 **회의 테이블**에서 시작된다. (5쪽)
>
> 좋은 아이디어를 떠올리는 비결은 혼자 고고하게 앉아서 위대한 생각을 하려 애쓰는 게 아니다. 자기 앞의 탁자 위에 부품을 하나라도 더 많이 올려놓는 것이다. (54쪽)
>
> '당국'이 아무리 똑똑하다 해도 그들이 1,000 : 1 정도로 시장보다 수적으로 열세라면, 봉건적인 성(城)보다 시장에 좋은 아이디어가 더 많이 숨어 있다는 것이다. 도시와 시장이 인접 가능성을 탐구하는 집단적 프로젝트로 더 많은 사람들을 끌어들인다. 그 사람들 사이에 차고 넘치는 것이 있다면, 유용한 혁신들이 나타나 일반 대중에게 퍼질 가능성은 더 높다. (중략) 네트워크 자체가 똑똑한 것이 아니다. 개인들이 네트워크에 연결되어 있기 때문에 똑똑해지는 것이다. (71쪽)[6]

먼저 소개해 드릴 모임은 '지리쌤테이블'입니다. 저는 호남 지역이 수도권과 접근성이 조금 떨어지기 때문에 능력 있고 열정적인 선생님들이 성장의 기회를 많이 얻지 못한다는 점에 주목했습니다. 예전부터 전국적 네트워크에 참여해 오며 많은 성장이 있었다고 느낄 때쯤 후배 선생님들을 위한 자리를 만들어야겠다고 생각하게 되었습니다. 때마침 목포에서 통합사회 선도 교원 연수가 있었는데 그때 당시 신안에서 근무하던 황은선 선생님을 만나게 되었습니다. 황은선 선생님은 예전에 제 아내와 함께 근무하기도 했었습니다. 황은선 선생님과 조식을 먹으며 이러한 문제 의식에 대해 이야기했고, 적극적으로 동의해 주셔서 그 자리에서 바로 함께할 선생님들

---

6) 스티븐 존슨 저, 서영조 역, 2017, 탁월한 아이디어는 어디서 오는가, 한국경제신문

서태동
2018년 1월 24일 · 전라남도 영암

(☆제안- 지리쌤테이블 모임: 자주 만나서 뻘소리라도 해야 - 호남권역에서 지리교사들도 한번 만나보자!)

스티븐 존슨은 199년대에 맥길대학교의 케빈 던바 교수가 4곳의 분자 생물학연구소에서 연구원들을 관찰했을 때 발견한 점을 들려주면서 혁신이 어떻게 일어나는지 알려주고 있다.

(인용문 시작)

던바 교수의 연구를 보면 고립된 유레카 순간은 드문 일이다. 대부분의 탁월한 아이디어는 10여 명의 연구원들이 모여 비공식적으로 최근 연구를 발표하고 토론하는 규칙적인 미팅에서 생겨난다. 던바 교수가 만든 아이디어 형성 지도를 살펴보면 현미경이 아니라 회의 테이블에서 시작된다.

(인용문 끝)

스티븐 존슨 저, 서영조 역, 2017, 탁월한 아이디어는 어디서 오는가, 한국경제신문, 5쪽.

《지리쌤 테이블 모임 제안》
1. 필요성: 뻘소리라도 만나서 해야 아이디어가 공유된다. 과에서 하는 홈커밍데이는 타 학교 출신은 오기 어렵다. 지리는 어차피 하나 건너면 다 아는 사람들인데.. 우리끼리라도 알고 지내자.

2. 대상: 호남권역 지리교사 중 희망자 +@(다른 지역 지리 교사도 환영) 황은선쌤

3. 일정: 분기별 1번 토요일 오전10시부터 오후 4시(예정)

4. 내용: 자신이 하는 수업, 지리교사로 힘든 점, 공유 자료, 도서 추천 그리고 밥먹고 떠들기

5 장소: 일단 처음은 광주(추후 변경 가능)

☆참여를 원하시는 선생님! 부담없이 댓글을 달아주세요.

#태동생각의씨앗 #지리책소리통

그림 6-11 지리쌤테이블 모임 공고

을 SNS를 통해 모았습니다.

1월 29일에 예비 모임을 시작하고, 모임의 성격을 구체화했습니다. 지리쌤테이블은 다음과 같은 성격을 가지고 있습니다.

- 호남 중심의 젊은 지리 교사 모임
- 전문적 지리 교육 학습 공동체
- 느슨한 네트워크(분기마다 모임, 연 4회)

호남 선생님들 중심으로 운영되고 있지만, 충남 및 세종에서 근무하는 지리 선생님들도 함께

그림 6-12 지리쌤테이블 4회 모임(2018년 12월 15일)

그림 6-13 지리쌤테이블 5회 모임 및 답사(2019년 2월 22, 23일)

참여하고 있습니다. 모임은 대체로 근황 나눔, 수업, 평가 나눔, 고민 나눔 등으로 이루어집니다. 그리고 모임마다 책을 한 권씩 읽고 독서 나눔도 진행합니다. 지금까지 함께 읽은 책들은 다음과 같습니다.

> • 엔리코 모레티 저, 송철복 역, 2014, 직업의 지리학, 김영사.
> • 마강래, 2017, 지방도시 살생부, 개마고원.
> • 데이지 크리스토둘루 저, 김승호 역, 2018, 아무도 의심하지 않는 7가지 교육 미신, 페이퍼로드
> • 파크 파머 저, 이은정 역, 2013, 가르칠 수 있는 용기, 한문화.
> • 아라이 노리코 저, 김정환 역, 2018, 대학에 가는 AI vs 교과서를 못 읽는 아이들, 해냄.
> • 한스 로슬링, 올라 로슬링, 안나 로슬링 뢴룬드 공저, 이창신 역, 2019, 팩트풀니스, 김영사.

분기마다 둘째 주 토요일 오전 10시부터 오후 4시까지로 모임 시간을 정했습니다. 물론 변경되기도 합니다. 수업 나눔은 발표 자료를 미리 공유한 후 12분 정도 돌아가며 나눔을 하고, 나눔이 끝날 때마다 피드백을 하는 방법으로 진행합니다. 바로 직전에 적용했던 수업 방법을 그 자리에서 배울 수 있는 좋은 기회입니다. 그리고 회의 내용을 꼭 회의록에 기록하려고 합니다. 텔레그램 메신저를 통해 자료를 올리기도 하고, 구글 드라이브에 자료를 탑재해 놓기도 합니다. 어디엔가 있다는 것을 알면 찾는 것은 쉬운 일이기 때문입니다.

두 번째 소개해 드릴 모임은 '최선을 다하는 지리 선생님 모임(이하 최지선)'입니다. 최지선은 2014년에 시작되었습니다. 제가 소개팅하기로 한 날에 서울에서 모임이 있었습니다. 그래서 제 연애와 함께 시작하여 지금까지 이어져 온 소중한 모임입니다. 지리 교육 결사체라고나 할까요? 지리 교육을 위해 무엇을 할까 늘 고민을 하고 끊임없이 서로 자료를 나누는 모임입니다. 저는 이 모임에서 제가 전문가로 성장했다고 믿고 있습니다. 최근에는 멤버 교체가 많았습니다. 최지선은 여름방학 2박 3일 정기 답사와, 1월 전국지리교사연합회가 주관하는 전국지리교사대회가 끝난 다음 날 1박 2일로 하는 정모가 주된 행사입니다. 오프라인에서는 이와 같이 1년에 대략 두 차례 정도 정기적 만남을 가집니다. 최지선의 가장 큰 매력은 다른 지리 교사 모임에는 없는 친분이라고 볼 수 있습니다. '에어프라이어는 어디 것이 좋은지, 세탁기는 드럼을 쓰는지, 통돌이를 쓰는지'도 물을 수 있는 지리 교사 모임이 얼마나 있겠습니까?

최지선은 텔레그램 메신저를 활용합니다. 아무 말이나 할 수 있는 채팅방, 좋은 책을 소개하

그림 6-14 2018년 8월 정말 더웠던 최지선 광주 답사

그림 6-15 2019년 8월 또 정말 더웠던 최지선 부산 답사

수업 콘서트

거나 독서 나눔을 할 수 있는 채팅방, 자료만 올려 두는 채팅방 등으로 채팅방을 구분하여 이용합니다. 텔레그램은 장점이 많은 앱입니다. 다들 카톡에서 단체방을 만들어 사용하시죠? 접근성이 좋다는 장점이 있지만 카톡은 새 회원이 들어오면 이전 메시지를 보지 못한다는 단점도 있습니다. 또한 자료 공유도 카톡은 300MB가 한정이지만, 텔레그램은 1.3GB까지 가능합니다(최근 업데이트를 통해 더 용량이 큰 자료도 공유가 가능합니다.). 그래서 요즘 하는 모임은 모두 텔레그램으로 옮기려 하고 있습니다. 텔레그램은 PC와의 호환도 매우 좋습니다.

최지선은 제가 1년간 회장을 맡았고, 지금은 다른 선생님이 회장을 맡아 봉사하고 있습니다. 제가 회장을 할 때 대한민국 지리 교사방 단톡방에 고등학교 선택 과목 선택 시기에 맞추어 '진지한 고민(한국지리)', '진지한 고민(세계지리)', '진지한 고민(여행지리)'을 제작하여 업로드했습니다. 충북고등학교 배동하 선생님의 대단한 역량으로 제작된 모든 PPT 자료를 바로 쓸 수 있도록 로우 데이터로 업로드해 드렸습니다. 물론 각 PPT는 모두 300MB 이내로 제작했습니다. 많은 지리 선생님께서 사용하셨을 겁니다.

그리고 학생들이 지금까지 지리를 배워오면서 한번도 세계지도를 제대로 그려보지 못했다는 점을 포착하여, "어서 와 세계지도 그리기는 처음이지"를 만들어서 공유했습니다. 그림 6-16의 QR코드[7]를 이용하시면 블로그로 바로 연결됩니다.

그림 6-16 세계 지도 그리기

최근에 많은 젊은 선생님을 모시고 있습니다. 지리 교육을 하는 입장에서 전문가는 늘 고민합니다. 전문가는 전문가가 가르칩니다. 저는 그것이 바로 전문가적 특성이라고 생각합니다. 제가 지리 교사 전문가, 지리 교육 전문가로 성장하는 데 가장 결정적인 역할을 한 모임이 바로 최지선입니다. 최지선의 많은 후배 선생님들을 지리 교육을 이끌 리더로 잘 성장할 수 있도록 돕는 것이 선배 교사의 역할이라고 생각합니다. 최지선을 차세대 지리 교육을 이끌 인재들의 요람이라고 기억해 주시면 좋겠습니다.

제가 지리 과목을 가르치면서 부족한 부분이 많다고 느낍니다. 그러나 부족한 지리력의 한계를 저는 네트워크로 보완하고 있다고 생각합니다. 그래서 인간관계가 중요합니다.

평판에 대해 말씀드렸던 것은 다음 책을 읽다가 생각이 났기 때문입니다. 같이 읽어 보시죠.

---

7) QR코드로 접속이 어려우신 분들을 위해 사이트를 남깁니다. 제 블로그에 방문하신 후 검색창에 세계지도 그리기로 검색해도 되고, 바로 https://blog.naver.com/coolstd/221496556967을 주소창에 입력해도 됩니다.

> 뒷담화는 악의적인 능력이지만, 많은 숫자가 모여 협동을 하려면 사실상 반드시 필요하다. 현대 사피엔스가 약 7만 년 전 획득한 능력은 이들로 하여금 몇 시간이고 계속해서 수다를 떨 수 있게 해 주었다. 누가 신뢰할 만한 사람인지에 대한 믿을 만한 정보가 있으면 작은 무리는 더 큰 무리로 확대될 수 있다. 이는 사피엔스가 더욱 긴밀하고 복잡한 협력 관계를 발달시킬 수 있다는 뜻이기도 하다.

제가 아주 좋아하는 유발 하라리가 쓴 『사피엔스』의 일부입니다.[8] 사회를 이루어 나가는 사피엔스에게 뒷담화는 반드시(?) 필요하다는 것입니다. 그만큼 평판이 중요하다는 거죠.

마지막으로는 드리고 싶은 말씀입니다.

첫째, 학위를 계획하고 있다면 최대한 일찍 하길 바랍니다. 아무래도 나이가 들수록 사회에서 요구하는 일들이 더 많아집니다. 그래서 학위는 가능하면 일찍 마쳤으면 합니다. 현재 교사를 대상으로 한 파견 제도는 서울대, 교원대, 전남대에서 가능합니다. 전남대는 광주, 전남 지역 선생님을 모집합니다. 저는 교원대로 석사 과정 파견을 다녀왔습니다. 당시 연애도 하지 않을 때여서 정말 원 없이 공부를 했던 기억이 납니다. 석사 과정은 파견이 있는데, 왜 박사 과정은 파견이 없을까요? 석사 과정은 교육청 입장에서 투자입니다. 파견을 마치고 석사 학위를 받아 해당 교육청으로 돌아오면 검증된 일꾼이 됩니다. 각종 계획서, 보고서 작성, 연수 강사 등으로 이용 가치가 높아집니다. 그런데 박사를 파견으로 보내면 아마 박사 학위를 받은 후 해당 교육청을 떠나 다른 길을 모색할 가능성이 높기 때문이라고 저는 생각합니다. 그래서인지 박사 과정은 파견이 없습니다. 방학 때 진행하는 교육대학원도 있으니 잘 고민해서 판단하면 좋겠습니다.

둘째, 책을 많이 읽으시길 바랍니다. 책을 읽는 이유를 물어보는 분들이 있었습니다. 저는 아이디어를 얻기 위해 책을 읽습니다. 저는 한 시간에 하나만 얻어가자는 생각으로 책을 읽고, 연수를 듣습니다. 여기서 얻은 아이디어로 수업을 구성하거나 강의안을 구성하기도 합니다. 위에서 인용하는 내용들도 다 그렇게 만들어진 것이라고 할 수 있습니다. 사람마다 책을 읽는 목적도 다양하고, 책의 종류도 정말 많습니다. 모두 자신의 목적에 맞는 독서를 하는 것이라고 생각합니다.

셋째, 가능하면 아침에 일찍 출근하는 것이 좋습니다. 저는 2018년에 학교에 도착하면 오전

---

8) 유발 하라리 저, 조현욱 역, 2015, 사피엔스, 김영사, 47쪽.

수업 콘서트

6시였습니다. 집에서는 4시 반에 일어났습니다. 그러면 오롯이 혼자 공부할 수 있는 시간이 2시간 넘게 주어집니다. 하지만 당직 선생님 휴게 시간을 보장해 드려야 한다는 민원이 들어와 2019년에는 7시까지 학교에 오고 있습니다. 지금은 2019년에 많이 아픈 후 아침 운동을 하고, 때로는 육아 시간을 써서 두 아이를 등원시킨 후 출근하기 때문에 일찍 올 수 없을 때가 많습니다. 일찍 오지 못하니 확실히 책을 읽기가 어렵습니다. 그래도 건강이 더 중요하겠지요.

앞에서 말씀드렸던 『교사는 어떻게 단련되는가』에서 저에게 영감을 주었던 문단을 공유해 봅니다.

교직 경력에서 1, 3, 5, 7이라는 숫자가 중요하다는 말을 들은 적이 있다. 1년째일 때에는 대체적인 방향이 보인다. 3년째일 때에는 조금씩 타성에 젖는다. 이것을 뛰어넘어야 한다. 5년째가 될 때 실력이 늘지 않으면 앞날은 그다지 밝지 않다고 한다. 7년째가 되면 혼자서 확실하게 이끌 수 있어야 한다. 특히 3년까지가 힘든 시기라고들 한다. 나는 요시다 선생님 밑에서 '돌 위에서 3년'을 보냈다. (20~21쪽)

*돌 위에서 3년: 돌 위에도 3년을 계속 앉아 있으면 돌이 따뜻해진다는 말로, 끈기가 매우 강함을 말한다. 그래서 참고 견디면 복이 온다는 말로도 쓰인다.

이래서 선배 선생님들이 초임 발령지가 중요하고 말씀하신 것은 아닌가라는 생각이 들었던 문단입니다. 그리고 만 3년 후 1급 정교사 자격 연수를 받는 것도 위에서 말한 이유인가 싶기도 했고요.

앞선 사람들에게서 많은 것을 훔쳐 내어, 자기 것으로 만들어 가는 자세가 필요하다. 하지만 남에게서 배운다는 것은 자기 자신이 있어야만 가능한 것이니까, 남의 것을 보거나 듣거나 훔치거나 한다고 수업이 잘 되는 것은 아니다. 보거나 듣거나 훔치거나 한 것을 토대로 고민을 거듭하여 자기 실천을 만들어 내지 않으면 안 된다.
바꾸어 말하면, 자기가 있고 자기 실천이 있어야만 남의 것에서도 풍부하게 배워 얻을 수 있고, 그것을 자기 것으로 가질 수 있는 것이다. 원칙은 남에게 배우더라도 구체적인 방법은 자기 스스로 고민에 고민을 거듭하여 새롭게 만들어 나가지 않으면 안된다. 그렇게 해야 '훔친 것보다 열 갑절 독창적인 것을 스스로 끌어내는 것'이 가능하지 않을까. (53쪽)

남의 자료를 많이 탐할 필요도 없습니다. 일단 내 것이 있어야 남의 것도 보이기 마련입니다. 아무리 많은 자료를 받아왔다고 하더라도, 자기화, 내면화, 체화하지 않는다면 절대 쓸 수 없습니다.

> 실습을 하려면 시간이 걸린다. 연구와 노력이 필요하다. 눈으로 익히는 것은 지식의 단계이고, 실습은 체험의 단계로, 실습을 통해 얻어지는 것은 자기 것이 된다. 여기까지 오지 않으면 안된다. 눈으로 익히는 것도 필요하다. 좋은 것을 보는 것도 필요하다. 그리고 좋은 이미지를, 목표를 가지는 것이다. 거기에 더하여 실습을 열심히 해야 할 것이다. (54쪽)

내가 안다고 했을 때 정말 아는지 다시 한번 물어야 합니다. 그리고 실제로 해 보아야 합니다. 실제로 해 보고 나면 나만의 노하우 또는 암묵지가 생깁니다. 그러한 것들이 쌓여서 전문가가 된다고 저는 생각합니다. 저를 포함한 선생님들의 많은 공부가 필요합니다.

명언으로 이 장을 마무리하려고 합니다. 예전에도 읽기도 했었고, 지리쌤테이블 독서 나눔 책이기도 했던 『가르칠 수 있는 용기』 59쪽에 나온 문장입니다.

> 훌륭한 가르침은 하나의 테크닉으로 격하되지 않는다. 훌륭한 가르침은 교사의 정체성과 성실성에서 나온다.

테크닉은 둘째, 아니면 셋째에 해당하는 것 같습니다. 교사가 삶에 대한 진정성을 가지고, 학생을 대하고, 자기 연구를 진행하며, 여러 선생님들과 함께 성장의 기회를 갖는다면 그것이 바로 전문가의 모습 아닐까요?

그리고 이 챕터에서 '지리'라는 단어만 빼면 모든 교과와 교사 전문성에 적용될 수 있을 것이라고 저는 생각합니다. 처음 질문으로 돌아가보려고 합니다.

"선생님의 교육철학이 뭐예요?"

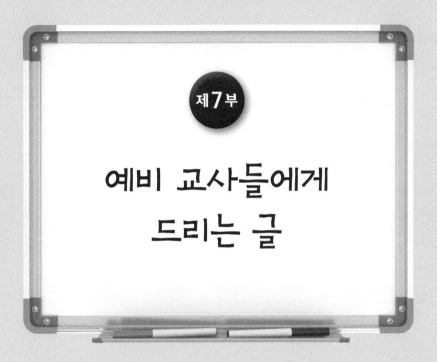

제7부

예비 교사들에게
드리는 글

저는 전남대학교 지리교육과에서 지리 교재 연구 및 지도법을 강의했습니다. 그때 수업한 코멘트를 정리하여 하나의 글로 완성했습니다. 이제 지리 교사를 시작하는 전국의 많은 후배 교사들과 예비 지리 교사들에게 도움이 될 것으로 생각합니다. 2018학년도에 해당 글을 블로그에 올리고 많은 분들께 메시지를 받았습니다. 개인적으로 전체 지리 교사의 역량이 높아질 것이라고 믿습니다(아래 글에서 ☞ 표시는 제가 나중에 덧붙인 말입니다.).

1. 수업을 구성할 때

- 지도안 작성 시 전개 1, 전개 2 칸을 나누도록 한다.
- 지도안 작성 시 교사 활동과 학생 활동의 줄이 맞도록 작성한다. 최근 트렌드는 교사 활동과 학생 활동을 구분하지 않는 경우도 많다. 수업 지도안이라는 명칭도 수업 흐름안이라고 부르기도 한다. 우리는 실습을 위해 가장 형식적인 부분에 맞추어 진행하였으니, 교육실습을 나가는 학교의 틀에 맞추어 작성하면 된다. 사실 현장에서는 잘 작성하지 않는다.
- 지도안을 짤 때에는 자간, 줄 맞추기 등을 활용하여 가독성을 높이도록 한다. 파워포인트 화

면을 구성할 때에는 한 화면에 너무 많은 텍스트를 넣지 않는 것이 좋다.

- 단원의 핵심 내용을 파악해야 한다. 왜 이 교과에서 이 주제를 다루는지에 대하여 고민하고, 그에 적절한 학습 방법과 평가 방법을 고민하여 적용해야 한다.

- 학습 단원의 특성과 목표에 대해 꼼꼼하게 분석하여 수업을 구성한다.

- 모든 수업에 적용 가능한 교수 학습 모형은 없다. 각 주제에 맞는 수업 방법이 별개로 존재할 뿐이다. 수업할 단원과 학습목표에 맞추어 가장 적절한 수업 모형을 골라 적용하는 것이 중요하다. 모든 단원을 거꾸로 수업으로, 하브루타로, 비주얼 씽킹으로 수업할 필요는 없다. 교사가 전문성을 가지고 해당 내용을 다룰 때 가장 적절한 방식을 골라 수업을 조직해야 한다.

- "강의 없는 활동은 공허하고, 활동 없는 강의는 맹목적이다." 이 말을 명심하자!

- 모둠으로 수업을 구성할 때에는 반드시 이유가 있어야 한다. 왜 굳이 모둠 학습으로 해당 주제를 수업하려고 하는지 반드시 고민해야 한다.

- 모둠 활동을 할 때에는 교사의 가이드라인이 반드시 필요하다(사실 어떤 활동이든 마찬가지지만). 모둠 활동에 필요한 내용을 학생들에게 꼭 안내하고, 모둠 활동의 방향 및 유의 사항까지 이야기하도록 한다.

- 소주제 하나를 1시간 안에 모두 해야 한다는 생각을 버리자. 너무 욕심내지 말자.

- 너무 많은 내용을 수업에 담으려고 하지 말자. 현장에서는 1쪽으로 한 차시 수업을 하는 경우도 많다. 교과서를 서술할 때 소단원으로 나누었다고 해서, 해당 소단원이 한 차시 분량인 것은 아니다. 특히 중학교 1학년을 가르칠 때에는 학습 내용을 적정화할 필요가 있다. 교사는 많은 것을 가르치고 싶지만, 받아 먹는 학생의 입 크기, 위장 크기가 맞지 않으면 탈이 날 가능성이 있기 때문이다. 45분 수업을 준비할 때에는 머릿속으로 35분 정도 수업 내용으로 정리하면 수업 시간에 딱 맞을 가능성이 높다.

- 고등학교에서 수업할 때에는 중학교 교육과정에는 해당 내용이 없는지, 중학교에서 수업할 때에는 초등학교 교육과정에는 해당 내용이 없는지 먼저 찾아보고, 학습의 위계를 설정하자.

- 게임, 축구 등과 같이 성별에 따라 선호도가 다른 소재를 사용할 때에는 남녀 학생 모두를 생각해야 한다.

- 방송 프로그램(예능, 영화, 드라마, 음악 등)을 수업에 활용한다. ㉋ 1박 2일, 꽃보다 시리즈, 어서와 한국은 처음이지? 등 ☞ 나중에 임용 수업에 실연할 때에는 너무 트렌디한 예능 프로

그램은 고르지 않는 것이 좋다. 면접관들은 올드하다!

- 수업 내용이 우리 주변에서 찾을 수 있는지 학생들의 생활 세계를 적극적으로 고려해야 한다.
- 학생들을 잘 파악하여 자료에 소외감이 들지 않도록 해야 한다. 많은 학생들이 시청했을 것이라고 추측되어 애니메이션 '겨울 왕국'의 사진 자료를 통해 동기를 부여했으나, '겨울 왕국'을 시청하지 못한 학생들은 소외될 가능성이 있다. 예고편이라도 보여 주면 공통분모를 형성할 수 있다.
- 필요하다면 교사의 재량에 따라 교육과정을 재구성하여 수업을 진행할 수 있다. 단, 현장에서 교육과정을 재구성할 때에는 교과에서 제시한 성취 기준을 모두 가르쳐야 한다. 단원의 순서를 바꾸고, 몇 차시로 해당 성취 기준을 수업할 지는 교사의 재량이다. 그러나 교육과정 재구성이라고 해서 특정 성취 기준을 통으로 날려 수업을 하지 않으면 안된다.
- 우리가 당연하다고 알고 있는 사실에도 의문을 가져야 한다. 내가 알고 있는 것이 정말 정확할까? 특정 사실에 대한 정확한 내용을 확인해야 한다. 예 한라산의 높이가 1,950m인가?
- 토론은 찬성과 반대로 나누어진 활동이고, 토의는 모둠에서 특정 주제에 대해 의견을 교환하는 활동이다.
- 학계와 현실에서 첨예하게 대립되고 있는 환경 문제를 수업에서 다룰 때에는 많은 고민이 필요하다. 때로는 특정 입장을 지지할 수밖에 없는 상황이 되기도 한다. 예 4대강 사업
- 학생 활동을 구성할 때 미리 칸을 만들어 주거나, 힌트를 주는 등 편의를 주는 것이 좋다.
- 활동지를 만들 때에는 1차시에 2쪽 이내로 만들자. 가능하면 1쪽이 좋고, 2쪽이라면 양면 인쇄를 해서 나누어 주도록 한다.
- 활동지에 빈칸이 너무 많으면 오히려 학습에 방해가 된다. 핵심 개념만 빈칸으로 만들어 놓고 채울 수 있도록 한다. 그리고 학생들이 자신의 생각을 쓸 수 있는 활동을 반드시 마련하자. 학생들

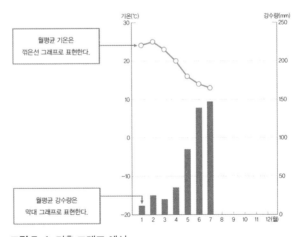

그림 7-1 기후 그래프 예시

이 스마트폰에 노출되면서 긴 글을 읽는 능력, 긴 글을 쓰는 능력이 많이 부족해졌다.

• 그래프를 그리는 등의 특정 과제를 수행하는 활동을 할 때에는 학생들이 많은 경험이 없기 때문에 학생들에게 틀을 제시해 주어야 한다(범례, 특정 지점, 데이터, 샘플 등). ☞ 그림 7-1의 기후 그래프 예시처럼 매달 기후 자료(기온, 강수량)를 모두 주고 기후 그래프를 만들라고 하기보다는, 틀을 제시하거나 사례(교사가 먼저 작업)를 제시해야 학생들이 덜 어려워한다.

• 기후 그래프를 제시할 때에는 학생이 살고 있는 지역과 비교해서 제시하면 더 쉽게 이해할 수 있다.

• 모둠을 구성할 때에는 4~5명으로 구성하고, 성적을 고려하여 교사가 개입하여 조정할 필요가 있다. ☞ 사실 모둠 구성에는 답이 없다. 다음 글을 참고하자.

> 먼저 팀을 구성할 사람을 추천 받아 그중 8명을 뽑고, 그 학생들이 나머지 학생들을 뽑아 팀을 구성하는 방식이다. 8명이 추천되고 팀을 구성하기 전에 먼저 각자 자기소개의 시간을 가졌다. 프로젝트 수업에는 주제를 찾아낼 창의성, 팀 분위기를 살릴 리더십, 자신에게 주어진 과제를 성실히 수행하는 팔로우십, 과학 지식, 발표 자료를 만드는 컴퓨터 사용 능력, 다른 친구들 앞에서 연구 결과를 발표하는 발표력 등 다양한 역량이 필요하다. 이 가운데 자신이 잘할 수 있는 역량을 선택하고, 이와 관련된 경험을 이야기하는 방식으로 자기소개를 했다. 그리고 자신이 가장 못하고, 자신 없는 것도 발표하게 했다.
>
> 추천받은 8명은 다른 친구들의 자기소개를 들으면서 친구들의 장점을 간단히 적게 했으며, 친구들의 자기소개가 끝난 다음 자신의 모둠에 필요한 학생들의 우선순위를 매겼다. 수업이 끝난 후, 추천 받은 8명은 교무실에 모여, 가위바위보를 해서 차례대로 팀원을 뽑았다. 팀 구성이 끝나면 마지막으로 팀원을 교환하는 과정을 거쳐 최종 팀을 구성했다. 이렇게 팀을 구성하는 방법은 시간도 오래 걸리고 해야 할 것도 많지만, 가장 합리적이고 민주적이라는 학생들의 피드백을 받았다.[1]
>
> ☞ 이 책에는 다음과 같은 코멘트도 있다. '마지막에 남은 학생을 서로 데려가지 않으려는 상황만 다른 애들에게 노출되지 않으면 활동이 원활하게 진행되기 좋은 모둠 구성이 될 것 같아요.'

---

1) 이명섭, 김학미, 이윤진, 정윤리, 최미현, 고은정, 고민성 공저, 2017, 교육과정-수업-평가-기록 일체화 실천편, 에듀니티, 187쪽.

- 동서고금을 막론하고, 모둠 활동에서 무임승차를 막는 방법은 없는 것 같다. 정말 유명한 수업의 달인도 이렇게 고민한다.

> 나는 아직 한두 명의 학생들이 일을 거의 다 하고 나머지는 거저 받아먹기만 하는 상황을 해결할 완벽한 시스템을 생각해 내지 못했다.[2]

- 그래서 비겁하긴 하지만, 나는 활동은 모둠으로 하고, 평가는 개별로 한다. 모둠별로 평가했을 때 문제점이 너무 많다. 도움실 학생이 한 모둠에 편성되어 있는 경우, 다문화 학생이 같은 모둠에 있을 경우. 사회적 배려를 가르친다 하더라도, 해당 활동이 모둠별 평가로 수행평가 점수에 반영된다면 그 친구들을 미워하게 되는 상황이 발생할 수 있기 때문이다. 그래서 나는 돌아간다. 활동은 모둠으로 하더라도 평가는 개별로 하는 것으로. 모둠 평가의 내용은 점수화하기보다는 교과세특에 적어 주면 좋다.
- 학생 활동에서 실제로 실험해 보고, 계획하는 등의 활동이 좋다.
- 행동에 대한 보상을 줄 때에는 조심해야 한다.
- 해결 방안을 제시하라고 하는 활동은 학생들에게 매우 무책임하고 어려운 요구이다. 학생들은 UN 사무총장이나 대통령이 아니다. 학생들 입장에서 만들고 행할 수 있는 실질적인 해결책을 찾아보는 것이 중요하다.
- 구체에서 추상으로, 쉬운 것에서 어려운 것으로 활동을 구성하는 것이 좋다(학생들의 인지 발달 단계 고려).
- 정교한 루브릭(채점 기준표)을 마련해야 한다. 학생들의 성취 수준을 평가할 때 정확한 기준이 요구된다.
- 많은 고민과 정성을 다해야 실제 수업에서 실수하지 않는다. 연습, 연습, 또 연습!

---

2) 데이브 버제스 저, 강순이 역, 2016, 무엇이 수업에 몰입하게 하는가, 토트, 109, 110쪽

2. 수업을 진행할 때

- 교사는 연기자다. 배우가 연기할 때 어떤 면에 집중하는지 생각할 필요가 있다.
- 교사의 목소리도 중요하다. 좋은 목소리는 학생들의 집중도를 높이므로 목소리도 관리해야 한다. 목소리의 크기, 톤, 강약, 속도는 수업을 진행할 때 중요한 요소이다. 말하는 속도는 조금 늦게 말한다고 느껴질 정도로 하면 적절한 속도가 된다. 앞에 나가서 긴장하면 말하는 속도가 빨라지기 때문이다. 의도적으로 입을 크게 벌리고, 또박또박 발음하면 속도는 저절로 조절되기도 한다. 목소리 톤은 도레미파솔! '솔' 음에 맞추어서 말한다고 생각하면 듣기에 좋다. 중요한 내용은 '강하게', '천천히', '반복해서' 말해 주는 것이 좋다.
- 교사의 경험을 토대로 하는 동기 유발은 학생들의 집중도를 높여 준다. 예 교사의 여행담
- 참신한 아이디어로 동기 유발을 하면 학생들의 학습에 큰 영향을 미칠 수 있다. 예 우리나라의 위치에 대하여 수업할 때 조○○ 학생은 가상 결혼식 청첩장을 만들어 와 수리적 위치와 지리적 위치를 수업했다.
- 학생들에게 질문했을 때에는 그 질문에 답할 시간을 주어야 한다.
- 발문과 질문은 '꼬물꼬물(꼬리에 꼬리를 무는 발문, 질문)'로 만들면 좋다.
- 학생들의 이름을 사용하여 사례를 들거나 수업 내용을 구성할 때에는 특정 학생을 편애한다는 생각을 가질 수 있게 되므로 주의가 필요하다.
- 레이저포인터를 사용할 때 교사의 활동 범위에 부여되는 자율성을 최대한 활용하여야 한다.
- 용어의 개념에 대한 원어를 소개하는 것이 좋다. 예 툰드라
- 개념에 대하여 정확하게 구분해 주어야 한다. 예 기후 요소? 기후 요인?
- 한자를 사용하면 학생들이 어려워하므로 한자는 한 글자씩 풀어서 설명해야 한다. 예 집적 이익, 본초자오선, 고상 가옥 등 ☞ 현장에 나와 보면 학생들의 어휘가 부족한 것을 보고 깜짝 놀라게 됩니다. 특히 한자는 정말 모릅니다. 어제도 고등학교 2학년 학생이 '우회'라는 용어를 제게 물었습니다. 한자라면 어휘를 한 글자씩 풀어서 설명해 주어야 하고, 학생들이 쉽게 알 수 있는 말로 번역해서 가르쳐야 할 필요가 있습니다. 고등학생들에게도 '최한월'이라는 말이 무슨 의미인지 쉽게 와닿지 않을 수 있습니다. 가장 추운 달이라고 다시 한 번 말해 줄

필요가 있습니다.

- 어려운 단어를 사용하면 학생들은 잘 모른다. ㉎ 순유출 지역, 순유입 지역
- 수업 중에는 정확한 용어를 사용해야 한다. ㉎ 남서 계절풍? 기류? 서해? 황해? 에스파냐? 스페인?
- 오개념이 한 번 형성되면 고치기에 정말 많은 노력이 필요하다.
- 오개념이 있을 수 있는 용어들에 대하여 정확한 설명이 필요하다.[3] ㉎ 냉해, 특히 풍화!
- 학생들이 평소에 알고 있는 개념과 다른 개념을 제시할 때 혼동되지 않도록 주의해야 한다. ㉎ 루돌프는 사슴인가 순록인가? 그린란드가 아이슬란드고, 아이슬란드가 그린란드인가? 등 ☞ 일부러 혼돈을 불러일으킬 필요도 있어 보입니다. 자신이 가지고 있던 고정관념이 언제나 진리가 아님을 인식시켜 줄 필요도 있으니까요.
- 난이도가 높고 핵심 개념과 관련이 있는 내용은 뒤에서 다루는 것이 좋다.
- 학생들에게는 당연하다고 생각되는 개념들에 대해서도 추가 설명이 필요하다. ㉎ 높바람, 샛바람, 하늬바람, 마파람
- 수업 시간에 지명이 제시될 때에는 지도를 보고 위치를 정확하게 가르쳐 주어야 할 필요가 있다. ㉎ 대관령 – 위치, 해발 고도, 행정 구역, 위도, 경도 등 ☞ 학생들이 모둠별로, 혹은 교사와 함께 지리부도나 사회과부도를 통해 직접 찾아보는 것이 좋습니다. 위도, 경도에 대해 구체적인 값을 줄 필요는 없고, 지리부도나 사회과부도에서 해당 지점을 찾아보고, 위도, 경도를 한 번이라도 확인해 보길 바라는 것입니다.
- 특정 지역에 대한 설명을 할 때 지역 이미지에 대해 편견을 가질 수 있으므로 조심해야 한다. ㉎ 강원도 – 옥수수, 감자, 배추
- 분쟁 지역에 대한 명칭을 쓸 때, 실효적으로 지배하고 있는 나라를 먼저 나열하여야 한다. ㉎ 센카쿠열도(댜오위다오) 분쟁
- 강조점은 확대 효과를 이용한다.
- 수업에서는 구글어스, 네이버지도, 다음지도 등을 활용하는 것이 좋다.
- Yes나 No 형식의 질문은 학생들의 창의성을 키우는 데 도움이 되지 못한다.

---

3) 오개념 체크에 도움 되는 논문 – 김민성, 2013, 교사들이 인지하는 고등학생들의 한국지리 오개념, 대한지리학회지 48(3), 482-496. 참고

- 개념에 대한 자세한 설명이 필요하다. 예 위도, 경도 등 위치에 대한 개념은 상호 약속된 것으로, 응용되는 부분이 있기 때문에 자세한 설명이 필요하다.
- 어려운 용어에 대해서는 직접 용어 풀이를 해 줄 필요가 있다. 예 본초자오선
- 과거에 당연하다고 생각되는 개념이 현재에도 적용되는지 확인하여야 한다. 예 배산임수
- 큰 수치를 설명할 때에는 학생들에게 와닿을 수 있는 적절한 비유를 들어 주어야 한다. 예 27,000명 인구를 광주기아 챔피언스필드 수용 인원으로 예시를 들면 좋다.
- 학생들의 기호나 관심사를 질문하여 동기 유발에 이용하면 좋다. 예 여러분이 살고 싶은 기후 지역은?
- 질문을 했을 때 답이 없으면 교사가 바로 답을 말해 주기보다는 학생들이 충분히 생각할 수 있도록 시간을 주거나, 질문의 수준을 낮추어 다시 한 번 질문하거나, 질문의 사례를 바꾸어 제시하도록 한다.
- 수업에서 가르치는 내용이 어느 한쪽의 입장만을 대변하는 것은 아닌지 생각해야 한다. 예 경영자 vs 노동자 – 학생들의 가족 중에 경영자가 있을 수 있고, 노동자도 있을 수 있다.
- 수업할 때의 실제 상황을 고려하여 동기 유발에 이용하면 좋다. 예 오늘의 날씨
- 수업 내용에서 불필요한 부분은 줄이고 핵심 내용에 가까운 내용을 선택해야 한다.
- 활동지를 작성할 때 빈칸을 너무 많이 만들어 놓으면 학생들은 대부분 작성하지 못한다.
- 학생들의 집(개인 사생활)을 소개하는 것은 조심해야 한다(교사의 말 한마디에 상처를 입을 수 있다.).
- 특정 상품을 수업에 쓸 때에는 학생들의 상황을 고려하여 조심해야 한다. 예 아이폰, 나이키 신발 등은 상대적 박탈감을 느낄 수 있다.
- 특정 내용이 좋은지 좋지 않은지를 판단하는 것은 개인적 기호에 따라 다르기 때문에 조심해야 한다. 예 우리나라는 사계절이 뚜렷하기에 살기 좋다?
- 세계지리 수업할 때, 세계의 다양한 기후 지역을 설명하면서 서구 중심 주의적 시각(오리엔탈리즘)을 재현하고 있지는 않은지 항상 경계해야 한다.
- 교과서에 있는 내용이라고 하더라도 교사는 전문성을 가지고 비판적으로 생각해야 할 필요가 있다. 예 광주의 특산물에는 무엇이 있을까요? 무등산 수박? 무등산 수박을 먹어 본 학생은 각 교실에 3명 이내이다. 물론 나 또한 먹어본 적이 없다.

- 가짜 뉴스가 유행이고, 기사를 쓰는 기자가 아닌 기레기도 많다. 미디어 언론에서 제시하는 자료가 공정한지, 팩트에 준한 것인지 반드시 확인해야 한다. 이제 미디어 리터러시는 굉장히 중요한 역량이 되었다.
- 학생들은 수업 내용을 인지하기 위해 충분한 시간이 필요하다.
- '○○에서 살아남기' 등으로 기후편에서 흥미를 유발하는 것은 좋다.
- 수업 중 '메커니즘'과 같은 어려운 용어는 될 수 있는 대로 사용을 지양한다.
- 우리나라 지명이 나오는 내용에서는 백지도를 사용하여 위치 학습을 병행하는 것이 좋다.
- 자료를 제시할 때 학생 입장에서 난이도를 정한다. 도시의 위계를 정할 때에도 광역시·도, 시, 군, 구 등으로 위계를 맞춘다(국가는 국가별로).
- 탐구 활동에서 일부 전제 조건을 먼저 제시하면 학생들의 사고가 제한될 수 있다. ☞ 그래도 어느 정도 가이드라인이 있어야 학생들이 탐구 활동을 할 때 지침으로 확인할 수 있으니, 수업자의 유연한 사고가 요구되는 부분입니다.
- 탐구 활동 문항 간의 논리적 구조에 유의해야 한다.
- 수행 활동은 가능한 한 수업 시간에 끝내도록 한다. 수업 시간에 끝나지 않으면 자료를 학생들에게 받은 다음, 다음 시간에 다시 나누어 주도록 한다. 그렇지 않으면 종종 다른 수업 시간에 수행 과제를 하는 경우도 생긴다.
- 수업 중에는 반드시 존댓말을 사용해야 한다. 그렇다고 해서 '저희'라는 말은 쓰지 않도록 유의한다.
- 파워포인트를 활용할 때 너무 많은 애니메이션 효과나 소리를 쓰면 오히려 수업에 방해가 될 수 있다.
- 학생들이 직접 실험하고 경험을 나누는 활동을 하면 확실히 기억에 많이 남는다. 싱가포르 화폐와 우리나라 만원짜리 지폐를 함께 물에 담그는 수업 활동은 인상적이었다. 혹시 실험이 어렵다면 교사가 직접 실험하는 모습을 영상으로 찍어 학생들에게 보여 주면 흥미로워할 것이다(자막을 넣으면 더 재미있다. 자막은 뱁믹스에서 쉽게 넣을 수 있다.).
- 판서를 통해 모식도를 그릴 때에는 학생들이 쉽게 이해할 수 있도록 그려야 한다. 자신이 없으면 PPT 화면을 통해 보여 주는 것이 낫다.
- 모둠 활동을 수업 시간에 해서 결과물을 만들어야 할 때에는 반드시 샘플(우수 사례)을 제시

하자. 우수 사례 유무의 차이가 크다. 학생들이 작업한 우수 결과물이 없다면, 교사가 직접 우수 사례를 만들어서 제시해야 할 필요가 있다.

- 모둠 활동을 할 때 제공되는 활동지는 B4 용지 또는 4절지 이상 크기를 제공하도록 하자. 개인별 활동지는 A4 사이즈로 제공하고, 모둠에서 함께 만들어야 할 활동지는 크기를 키워 제공하자. 3M에서 판매하는 이젤 패드(전지 크기의 포스트잇)를 학생들에게 제공하면 갤러리 투어를 하는 데에도 도움이 된다. 참고로 갤러리 투어는 모둠별 작성한 내용을 시계방향으로 돌려서 모둠별로 평가하는 방법이다.

3. 지도를 활용할 때

- 지도를 사용하여 그 지역의 위치가 어디인지 정확히 짚어 주어야 한다(교사든, 학생이든).
- 지도에서 말하고자 하는 지점(나라, 행정 구역)의 위치와 우리 지역(광주광역시), 우리나라를 함께 표시해 준다.
- 지도를 쓸 때에는 슬라이드에 가득 채우자. 왜곡된 지도가 없을 수는 없지만, 이미지로 되어 있는 지도를 작게 쓰거나, 가로 세로의 비율을 달리 하여 왜곡을 더욱 키울 필요는 없다.
- 사용하려는 세계지도는 태평양 중심의(우리나라가 중심에 있는) 지도를 사용하여야 한다.
- 수단과 남수단의 분리 여부를 확인한다.
- 지도의 거짓말에 대해 가능하면 학생들에게 미리 언급하도록 한다(메르카토르 도법).
- 세계지도 → 아시아 대륙 → 한국 → 광주의 순으로 지표를 확대해 가면서 학생들이 정확한 위치를 알 수 있게 설명하는 것이 좋다. 학생들이 지도를 인식할 수 있도록 시간을 충분히 주어야 한다.
- 지도에 경계나 빠진 부분이 없는지 잘 살펴야 한다. ⓔ 울릉도, 독도, 나라의 국경 – 인도 국경 등)
- 자신이 살고 있는 지역의 지도를 활용할 때에는 학생들의 집(동네)이 어디 있는지 표시해 보

는 활동을 포함하면 좋다. → 대부분의 사람들이 구글어스를 활용할 때 내가 사는 나라, 내가 사는 도시, 지역, 집부터 찾아보는 경향이 있다.

- 부득이하게 지도를 휴대폰으로 촬영하여 사용하는 경우에는 지도에 왜곡이 발생할 수 있다는 사실을 유념한다.
- 교사가 지도를 잘 그리는 능력이 있다면 매우 좋은 역량(개인기)을 가진 것이다. ☞ 나태주의 시 '풀꽃'처럼, 학생들이 직접 그려 보면서 지역을 인지하게 하는 것도 좋은 방법입니다. 그림을 그리려면 무엇보다 자세하게 보아야 합니다. 관심을 가지면 관찰을 하게 되고, 관찰을 하게 되면 관계를 맺게 되기 때문입니다. 항상 중요한 것은 나에게 어떠한 의미가 있는가입니다. 세계지도 1분 만에 그리기, 세계지도 3분 만에 그리기 활동을 지리데이를 운영하는 학교에서 진행하고 있기도 합니다(블로그 참고).
- 동해와 독도는 지도에 의도적으로 표기해야 한다(어떤 크기의 지도에서도).
- 활동지가 흑백으로 인쇄되었을 때, 지도의 내용과 범례가 잘 구분되는지 확인하여야 한다. **예** 빨간색과 파란색이 범례로 사용된 채 흑백으로 인쇄하면 구분이 어려움.
- 백지도 내에 나라를 표시하는 활동을 할 때에는 지도의 크기를 고려해야 한다.
- 지도를 사용할 때 범례를 유의하여 사용해야 한다.
- 국가 영토를 나타낼 때에는 전체가 표시되어 있어야 한다.
- 구글어스를 동원하면 학생들에게 큰 흥미를 끌 수 있다. 하지만 어떤 학습 자료든 자주 활용하면 학생들은 익숙해진다.

4. 영상 및 사진, 기타 자료를 활용할 때

- 영상은 극적인 효과를 낳는다.
- 영상을 사용할 때에는 흥미성, 교육적 가치, 최신성을 생각해야 한다.
- 영상은 반드시 교사 본인이 먼저 보고 필요한 장면과 불필요한 장면을 선택하여 편집한 후 사

용하는 것이 좋다. 또한 연령 제한도 준수해야 한다. ☞ 교사가 참 바쁩니다. 특히 역량 있는 지리 교사가 되기란 ….

• 영상을 활용할 때에는 시간을 미리 예고해 주는 것이 좋다.

• 영상에는 자막을 넣어 주는 것이 좋다. 외국 영상에는 우리말로 변역해서 자막을 넣어 주고, 우리나라 영상에도 자막을 넣어 주면 좋다.

• 최근 예능 프로그램에도 오개념이 굉장히 많다. 오개념은 교사가 잘 수정해서 전달해야 한다.

• 영상에 대하여 교사가 추가 설명을 해 주는 것이 좋다.

• 영상을 사용한 후에는 다시 그 장면들을 캡처하여 정리해 주는 것이 좋다.

• 영상이 진행되고 있는 상태에서 교사가 설명을 할 때에는 영상의 사운드와 교사의 목소리가 겹치지 않는지 고려해야 한다.

• 영상을 사용할 때에는 필요한 부분만 편집해서 사용해야 한다. ☞ 통째로 가져와 교사가 해당 부분을 더듬더듬 찾으면 교사의 수업 준비가 부실해 보입니다.

• 영상의 화질이 좋지 않다면 자막을 덧씌우거나 해당 내용을 편집하여 강조하는 것이 좋다. ☞ 가능하면 선명한 영상을 찾기를 권합니다.

• 영상은 3~5분으로 편집하는 것이 좋지만 필요하다면 영상을 통으로 보여 줄 수도 있다.

• 영상 자료를 활용할 때 가르치고자 하는 수업 내용과 연관이 있는지 확인해야 한다. 예 카슈미르 지역의 국기 하강식 동영상 – 분쟁이 있는 지역임에도 불구하고 해당 영상은 그러한 분위기가 아니었다.

• 영상을 편집할 때에는 좋은 영상의 전체본을 찾는 것이 중요하다. 그리고 '뱁믹스'를 활용하면 쉽게 자르고 붙일 수 있으니 꼭 활용하길 바란다.

• 책이나 신문 기사를 읽을 때, 여행을 할 때, 연수를 받을 때에도 항상 가르칠 것을 염두에 두고 자료를 모으는 자세가 필요하다.[4]

• 강의가 진행되는 현장에서 인터넷이 연결되지 못할 수도 있다. 따라서 영상 자료는 미리 USB에 다운로드해야 한다(알툴바를 사용하면 된다. 그 외 다른 프로그램도 물론 있다.).

• PPT 속에 영상을 넣었을 때 볼륨 조절, 속도 조절, 어려운 내용 반복 등에 어려움을 경험할 수

---

4) 박남기 저, 2017, 최고의 교수법, 쌤앤파커스. 54쪽.

있다. 개인적인 취향이지만 나는 항상 영상을 따로 담는다. 강의 시간이 부족할 때에는 1.2배 속으로 재생해야 할 때도 있기 때문이다.

- 지식채널e를 수업에 활용하면 매우 좋다(교사가 미리 다 보아야 함!).
- 교사가 등장하는 답사 사진을 활용하면 학생들의 흥미를 이끌어 내고 집중을 획득하는 데 매우 좋다.
- 사진 자료를 이용할 때 강조하려는 부분을 확대하거나 따로 편집하여 사용하여야 한다.
- 스케일 바를 놓고 찍은 사진을 활용하는 것이 좋다(학생들이 실제 크기를 가늠할 수 있도록 배려하기).
- 사진이나 지도, 기타 자료 등을 이용할 때에는 되도록 깨끗한 이미지를 이용해야 한다. 그리고 사진을 보여 줄 때에도 의도적으로 예쁘고 멋진 사진을 보여 주도록 한다. 수업에 대한 생각은 이성이 아닌 감성으로 남는다.
- 출처와 연도 표시는 수시로 확인하여야 한다.
- 인구 통계의 경우 정확한 수치를 확인하여야 한다.
- 자료의 통일성을 유지하여야 한다(연도, 내용, 용어 등).
- 자료의 최신성을 고려하여 가급적 최신 자료, 적어도 현재 연도를 기준으로 5년 이내의 자료를 활용하도록 한다. ☞ 통계 자료는 더욱 신경을 써야 합니다. 자료마다 우측 하단에 출처와 연도가 표기되어 있으므로 반드시 확인해야 합니다.
- 영화 포스터를 수업 내용과 연결시켜 이용할 때 학생들에게 그에 알맞은 질문을 하여 학생들 스스로 생각해 보게 하면 좋다. ㉖ 자연 재해 - 각 영화 포스터에 해당하는 자연 재해는 무엇일까?
- PPT를 구성할 때 전체적으로 자료의 디테일한 부분까지 다시 한 번 확인해야 한다. 인기 예능 프로그램을 응용하여 학습 활동을 진행할 수 있다.
- 학습지를 흑백으로 만들 때에는 자료를 잘 구별할 수 있도록 해야 한다.
- 비교를 하기 위해 두 그래프를 만들 때에는 범례가 동일하게 만들고, 범례의 가독성을 높여야 한다.

5. 기타

- 혹시 모를 상황에 대비하여 필요한 자료들은 클라우드, 메일, USB 등의 방법으로 여러 곳에 저장하는 것이 좋다.
- 도서관과 협력 수업을 진행할 때 교사와의 관계는 매우 중요하며 도서관에 필요한 책이 있는지 확인하고 관련된 책의 리스트를 작성해야 한다(필요한 자료를 미리 구비 / 전문적 학습 공동체 – 교사들 간의 조율이 필요).
- 어느 곳에 가서 강의를 하더라도 판서를 하기 전에 분필, 보드마카의 상태를 미리 확인한다.
- 판서는 굉장히 중요한 교사의 역량이다. 판서 글씨체도 매우 중요하다. 글씨체에 자신이 없다면 '펜글씨 교본'이라도 써서 고쳐야 한다. 필체가 좋지 않은 판서를 보는 것도 참 곤욕스러운 일이다.
- 수업하면서 멈칫하는 부분이 있다면 그것은 교사의 준비가 부족한 것이다(행위 중 반성). 수업 중에 들었던 찰나의 생각들을 기록해야 한다. ☞ 가능하면 수업 중에, 아니면 수업이 끝나자마자 기록해야 합니다. 그 부분을 고쳐 나가고, 보완해 나가야 역량 있는 지리 교사가 될 수 있습니다. '나는 기억력이 좋으니 나중에 다 생각나겠지'라고 한다면 나중에 하나도 생각나지 않아 다른 반 수업을 할 때 그 부분에 대해 또 아쉬워하게 됩니다.
- 지식의 저주: 내가 안다고 해서 학생들이 아는 것이 아니다. ☞ 다음은 학습에 대한 생각이 잘 나온 책이니 본격적으로 임용 시험 공부나 다른 시험 공부를 하기 전에 꼭 읽어 보기 바랍니다.

> 우리는 전공자라서 당연하다고 여기는 것도 일반인들에게는 아닌 경우가 많다. 이를 지식의 저주(the curse of knowledge)라고 한다. 지식의 저주는 자신이 이미 능숙하게 익힌 지식이나 기술을 다른 사람이 처음으로 배우거나 과제를 수행할 때 더 짧은 시간이 걸릴 것이라고 생각하는 경향을 가리킨다. 교사들은 종종 이러한 착각을 경험한다. 미적분학을 가르치는 교사는 미적분학이 아주 쉽다고 생각한 나머지 이제 막 배우기 시작해서 끙끙대는 학생들의 입장을 이해하지 못한다.[5]

---

5) 헨리 뢰디거, 마크 맥대니얼, 피터 브라운 저, 김아영 역, 2014, 어떻게 공부할 것인가, 와이즈베리, 153쪽.

- 학생들에게 출처를 표기하는 법을 알려 주는 것이 좋다(연구 윤리). ☞ 논문을 쓰거나 발표를 할 때 미리 공부한 사람들에 대한 예의를 알려 주는 것도 중요하다고 생각합니다. 그 대표적인 사례가 출처를 표기하는 것입니다. 하늘 아래 새로운 것은 없고, 내 생각도 누구의 도움을 받아 만들어진 것이니, 출처를 꼭 밝혀야 합니다. 참고 문헌 등의 출처를 쓸 때에는 정해진 양식은 없지만, 글 안에서는 동일한 양식으로 쓰도록 지도해야 합니다.

- 개조식에 대해서도 안내해 주자.

  가. 키워드 위주로 주요 문장만 작성하고, 마무리는 명사형(~함, ~임)으로 지음.

  나. 항목의 구분을 위해 숫자나 기호를 사용함.

예시

I.
  1.
    가.
      1)
        ①

- 이메일 보내는 법도 알려 주자. ☞ 교생 때에는 이메일을 받을 일이 없을 수도 있지만, 현장에 나오면 참 많이 이메일을 보냅니다. 앞으로 인생을 살아가면서 수십, 수백 통의 이메일을 보내고 받을 텐데, 이메일을 보내는 방법도 한 번 가르쳐야 할 필요가 있어 보입니다.

  가. 이메일 제목에 학번과 이름, 주제를 기재할 것 ㉔ 2101 서태동

  나. 첨부 파일에 학번과 이름_파일명을 함께 기재할 것 ㉔ 2101 서태동_국가별 특징적인 춤

  다. PPT를 보낼 때에는 폰트와 동영상을 함께 첨부해서 보낼 것

  라. 쓸 말이 없더라도, 내용에 한 줄이라도 선생님께 하고 싶은 말을 쓸 것

- 교사가 알고 있는 지식과 교과서의 알려 주는 지식이 서로 다른 것은 아닌지 생각해 보아야 한다. ㉔ 문화 상대주의 관점이 올바른 것인가?

- 다문화 학생에 대한 고려가 필요하다. ☞ 올바른 다문화 교육은 어떻게 진행되어야 할지 아직도 고민이 많습니다. 함께 고민해 보면 좋겠습니다.

- 학습법에 대한 전체적인 안내도 필요하다. 중학교 1학년이라면 특히 필요하고, 고등학교 1학년이어도 늦지 않았다. 공부하는 척만 할 줄 알고 실제로 어떻게 공부해야 하는지 모르는 학생들이 많으니 실제로 공부하는 법을 알려 주어야 한다(물론 이 내용은 내가 특강 자료를 모

으거나, 읽은 책을 정리할 때에도 사용하는 방법이다.).

> 대학생들을 대상으로 강의를 하다 보면 의외로 공부하는 법을 잘 모르는 학생들이 있음을 알게 되는데, 이들을 위해 책을 읽고 정리하는 내 나름의 방법을 알려 준다. 책을 읽으면서 내가 새로 알게 된 사실이나 의미 있게 다가온 부분, 그리고 언젠가 글을 쓸 때 필요할 것이라고 생각되는 부분 등을 정확한 페이지까지 적어 책 제목으로 된 파일에 저장한다. 그 파일에는 책의 내용뿐 아니라 그 책을 읽으며 저자와 나누었던 대화, 즉 저자에게 던지는 질문, 저자의 주장과 다른 내 생각, 그리고 해당 부분을 읽으며 떠오른 내 생각들은 청색으로 적는다. 파일은 출력하여 바인더에 모아 놓고 종종 읽으며 활용한다. 굳이 파일로 저장하는 이유는 글을 쓰거나 강의를 준비하다가 읽었던 책 내용에서 도움을 받아야 할 것 같을 때 해당 부분을 쉽게 찾기 위해서이다.[6]

- 중요한 것은 네트워크! 내가 부족한 점은 동료 교사들과의 협업을 통해 보완해 나간다.
- 나중에 교사가 되었을 때, 학생들이 계속 민원을 넣는다면, 그 학생들과의 관계에 문제가 있을 수 있다. 수업도 교사와 학생과의 관계이다. 관계를 잘 맺으면 원활한 수업과 평가가 가능하다. 진정성 있는 관계 맺음이 중요하다.
- 지리 교사는 교과 특성상(?) 다양한 역량이 필요하다. 포토샵을 다룰 수 있으면 좋고, 가장 최고급 기술은 일러스트레이터이다(기후 그래프, 인구 피라미드 등). 엑셀도 잘 다룰 수 있으면 편하고, 영상 편집 기술도 있으면 좋다. 프리미어를 잘 다루면 가장 좋은데, 상당히 어렵다. 뱁믹스 정도면 적절할 듯하다. 학생들에게 UCC 만드는 과제를 내 주는 교사라면 본인도 UCC를 만들 수 있어야 한다. 뱁믹스는 자막도 쉽게 만들 수 있고, 음악도 쉽게 넣을 수 있다.
- '수업 콘텐츠 민감성'을 기르자. 가장 중요한 교수 매체는 교사이다. 교사가 하는 모든 경험이 수업에 녹아들게 되어 있다. 평상시에도 여행이나 먹었던 음식, 어제 보았던 영화와 드라마, 들었던 음악 등에서 어떤 내용을 포착하여 어떻게 수업에 녹여 낼지 잘 판단하는 힘을 기르자. 나는 이것을 '수업 콘텐츠 민감성'이라고 명명했다.
- 전문가는 디테일에 강해야 한다. 점 하나를 찍을 때에도 유의해야 한다. 내가 쓴 글은 반드시 인쇄해서 꼼꼼하게 살펴보자. 내 눈이 부족하다고 생각되면 다른 사람에게 부탁하자. 대체로 글을 쓴 자신은 자기가 쓴 글에서 이상한 점을 잘 찾지 못한다.

---

6) 박남기 저, 2017, 최고의 교수법, 쌤앤파커스. 249쪽.

6. 수업 중 나왔던 질문 모음

- 왜 보성은 녹차가 유명하게 되었을까? (톡! 한국지리[7] 참고)
- 스페인과 에스파냐의 차이는 무엇인가? 왜 교과서에서는 한 용어만 사용할까?
- 루돌프 사슴 코는 왜 빨간색일까?
- 서해? 황해? 무엇이 맞을까?
- 인도가 소고기 수출 1위 국가라고?
- 지역화와 현지화의 차이는 무엇일까?
- 문화 융합과 문화 변용의 차이는 무엇일까?
- 특징과 특성의 차이는 무엇일까?
- 부족과 종족의 차이는 무엇일까?
- 열대우림기후 지역에는 나무가 빽빽한 정글, 밀림이 있다. 다층 수관이 인상적이다. 반면 사바나기후 지역에는 나무가 듬성듬성 있고, 풀이 자란다. 사바나기후 지역에 나무가 듬성듬성 자라는 이유가 무엇일까?
- 우리나라에서는 홍수가 나면 1년 농사를 망친다. 그런데 이집트의 경우는 다르다. 헤로도토스는 "이집트는 나일강의 선물"이라고 했다. 나일강의 범람이 이집트에는 큰 도움이 되었다고 한다. 그 이유는 무엇일까?

7. 당부의 말

강의 오리엔테이션에서 언급했던 말로 마무리를 하려고 합니다. 교원자격증의 무게를 생각

---

7) 김대훈, 박찬선, 최재희, 이윤구 공저, 2013, 톡! talk 한국지리, 휴머니스트.

합시다. 운전면허증과 비슷할 만큼 누구나 가지고 있다고 비꼬는 사람들도 있지만, 이 자격증을 받기 위해 여러분은 수많은 교과 교육과 관련 강의를 들었고 교육실습까지 하였습니다. 여러분 스스로 자격증의 무게를 견디고, 자랑스러워 해야 합니다. 우리가 아니면 누가 자랑스러워 하겠습니까? 실습은 그러한 자세로 받는 것입니다. 최선을 다해 실습에 임하고, "이때만큼은 나도 교사야!"라는 마음으로 언행에 신경 쓰길 바랍니다.

지금 이 시대에는 누구와 연결되느냐가 중요하다고 생각합니다. 나 혼자 모든 것을 다 할 수는 없지만, 내가 아는 누군가는 내가 못하는 일을 할 수도 있습니다. 그 사람의 도움을 받으면 그것으로 족합니다. 하지만 도움을 받을 때, 도움을 요청할 수 있는 인간관계를 만드는 것이 지금 시대에서 요구하는 대인 관계 역량입니다. 이 역량이 큰 사람이 훌륭한 퍼포먼스를 보여 줄 수 있습니다. 그리고 나는 다른 사람에게 어떠한 도움이 될 수 있을까를 고민하고, 나의 역량을 키워야 할 필요가 있습니다. 다른 사람의 도움을 받을 때에는 최소한 '이 사람이 나를 이용하고 있다'는 느낌은 받지 않도록 인간관계를 잘 맺어 둡시다.

교육 현장에 나가 학생들에게 지리를 가르치는 교사가 될 사람이 있고, 다른 일을 할 사람도 있을 것입니다. 하지만 교육실습을 하는 그 기간은 여러분 모두 그 학생들의 선생님이 됩니다. 학생들이 여러분을 '선생님'이라고 부를 것입니다.

얼마 전 읽었던 책의 한 줄을 인용하며 긴 글을 마치려고 합니다.

"인생이란 운명적인 만남을 살리는가, 살리지 못하는가에 따라 바뀔 수 있다는 생각이 든다."[8]

여러분만큼이나 여러분이 만나게 될 학생들에게도 운명적인 만남이 될 수 있습니다. 저와의 만남 또한 여러분에게 운명적인 만남이 될 수도 있습니다. 부디 '선생님'이라는 이름의 무게를 느끼고 견디며 살아가는 대학 생활의 기간, 교육실습의 기간, 임용 준비의 기간, 교사의 기간이 되기를 바랍니다.

---

8) 아리타 가츠마사 저, 이경규 역, 2001, 교사는 어떻게 단련되는가, 우리교육, 24쪽.

※ 수업 참관표를 함께 올립니다. 이 틀은 전남대사대부고의 수업 참관록을 제가 필요게 맞게 변형했습니다. 먼저 수업 참관표를 보면서, 자신의 수업을 구상해 보는 것도 좋은 방법입니다. 각각 내용에 맞도록 수업이 조직되어 있나요?

수업 참관표

참관자:　　　　　(인)

20　년　월　일　요일　교시		대상:　　　　학년　반 (　　)명.				
단　원:		수업자:				
단계＼내용	평 가 관 점	참 관 의 견				
		매우우수	우수	보통	미흡	매우미흡
도입	■ 학습 상태 점검과 학생 관리는 이루어졌는가?					
	■ 전시확인이 제대로 이루어졌는가?					
	■ 동기유발은 적절한가?					
	■ 학습목표 진술은 알맞은가?					
전 / 수업목표 연계성	■ 수업목표와 내용분석은 논리적으로 맞는가?					
	■ 수업목표에 맞는 매체와 방법을 선정했는가?					
	■ 수업목표-내용-방법은 유기적으로 관련되어 있는가?					
학생학습 영역	■ 학생의 사고를 자극하는 발문인가?					
	■ 학생의 학습활동을 적극적으로 조장했는가?					
	■ 개인의 수준은 고려했는가?					
	■ 집단의 특성(성별·학년)은 고려했는가?					
개 / 교사수업 영역	■ 교재연구는 충실하게 잘 됐는가?					
	■ 교수 용어는 적절한가?					
	■ 시선은 고루 분배했는가?					
	■ 학생의 질문에 대한 반응은 적절했는가?					
	■ 목소리의 크기, 톤, 강약 조절, 발음의 정확성은 유지됐는가?					
	■ 판서는 구조화하여 진행했는가?					
정리	■ 수업목표에 맞는 확인학습(형성평가)이 이루어졌는가?					
	■ 돌발상황에 대한 관리는 제대로 됐는가?					
	■ 차시 예고는 이루어졌는가?					
	■ 수업 단계별 시간 배분은 적절했는가?					
총평						

선(先) 실천, 후(後) 이해

　새 학기 준비 기간인 2월 안에 새 학기를 준비하려면 시간이 많이 부족합니다. 교사는 1년 내내 수업과 교육 활동에 대해 고민하는 사람입니다. 수업은 교사의 여러 경험을 녹여 낸 총체라고 생각합니다. 그래서 교사가 어떤 책을 보는가, 어디를 여행하는가, 심지어 무슨 TV 프로그램을 보는가도 중요하지요. 2018년 6월쯤, 『트렌드 코리아 2018』을 읽었습니다. 책의 존재는 이미 알고 있었지만, 대표 저자에 대한 삐딱한 시선 때문에 읽지 않았었는데 책을 읽고 나서 후회했습니다. 좀 더 일찍 읽을걸. 다행히 3학년 동아리 학생들 활동에는 접목해 보았고, '나만의 케렌시아', '언택트 기술' 등에 관심을 가지게 되었습니다. 그리고 『트렌드 코리아 2019』는 출판되자마자 읽었습니다. 내년의 교육 활동에 어떻게 접목할지 계속 고민하고 있습니다. 교사가 하는 모든 경험은 이렇게 수업에 반영됩니다. 내년 수업을 미리미리 고민해야 함은 물론 내일 수업, 차시 수업도 항상 고민해야 합니다.

　저는 탁월하게 조직된 강의식 수업을 매우 좋아합니다. 강의식 수업이 절대 나쁘다고 생각하지 않습니다. 강의식 수업을 주입식이라고 매도하는 것 자체가 기분 나쁩니다. 저는 교사가 100명이면 100개의 수업 방식이 있다고 믿고 있습니다. 학생들도 각자 성향이 달라 활동형(학생참여형) 수업을 선호하는 학생이 있는가 하면, 강의식 수업을 선호하는 학생도 있습니다. 교사도 마찬가지입니다. 활동형 수업을 잘 조직하고 꾸려 나가는 교사가 있는가 하면, 강의식 수업을 탁월하게 하는 교사도 있습니다. 무조건 학생참여형 수업으로 1년 내내 수업을 진행하는 것이 부담스럽다면 그렇게 하지 않아도 됩니다. 교사의 명쾌한 설명, 적재적소의 유머, 날카로운 질문으로 탁월하게 구조화한 강의식 수업은 학생들에게 충분히 큰 충격을 줄 수 있습니다. 하지만 변화하지 않겠다는 고집으로 강의식 수업을 유지해서는 안됩니다. 교사의 교육철학의 문제입니다. 이것 하나만 생각해 볼까요.

'내가 지금 수업을 하는 목적이 무엇인가?'
'고3이야 어쩔 수 없다고 생각하지만, 고1, 2에서 하는 수업을 통해 학생들은 무엇을 배우고, 어떠한 역량을 함양할 수 있는가?'

교사가 학습하지 않고, 경험하지 않으며, 반성하지 않고, 변화를 두려워한다면 그 피해는 온전히 학생들이 입게 됩니다. 학생참여형 수업이 부담된다면, 특정 시기나 단원을 정해 보면 됩니다. 1, 2차 지필 평가 후에 학생참여형 수업을 해 보는 것은 어떨까요? 아니면 특정 단원만 정해서 한번 해 보는 것은 어떨까요? 일단 한번 해 보세요. 지금은 학생참여형 수업이나 교육과정-수업-평가-기록 일체화와 관련하여 도움이 되는 연수와 책이 참 많이 나와 있습니다.

가능하면 과제는 내지 말았으면 좋겠습니다. 과제 중 단연 최악은 문제집을 풀어오게 해서, 수행평가에 반영하는 것입니다. 저도 학생 때 나름 성실한 학생이었지만, 기한을 정해 놓고 문제집을 풀어오라는 과제를 받으면 마음이 답답해졌습니다. 저는 그 문제집을 제 속도에 맞추어서 풀고 싶은데, 왜 선생님은 과제로 내 줄까요? 게다가 제출하지 않으면 혼날 텐데요. 그래서 과제 검사를 하는 매일 아침, 답을 보고 베끼면서 푼 것처럼 만들었습니다. 누구를 위한 과제일까요? 학생들을 생각하는 교사의 마음과는 거리가 멀게 아직도 수행평가 검사 당일 아침에 학생들은 교실에서 그렇게 베끼고 있습니다. 무엇을 가르치는 것일까요? 교사는 의도치 않았지만, 잠재적 교육과정으로 남을 속이는 방법을 가르치고 있는 것은 아닌가요? 교육적 효과를 생각한다면 차라리 매시간 쪽지 시험을 보는 것이 더 낫다고 생각합니다. 그 방법이 오히려 더 교육적입니다. 시험을 본다면 학생들은 공부할 것이고, 지식을 투입하고 인출하는 과정에서 인지구조가 강화될 수 있기 때문입니다.

모든 과제는 수업 시간 내에 하면 좋겠습니다. 학생들은 최소 8과목 이상을 학교에서 배웁니다. 수행평가도 수업 시간 내에 해야죠. 교내 대회도 다른 시간을 내서 하지 않았으면 좋겠습니다. 수업 시간에 하는 수행평가와 연계하여 교내 대회를 치르는 것이 좋은 방법이라고 생각합니다. 저는 지리 서평 쓰기 활동을 매 학기 수행평가로 하고 있습니다. 그리고 교내에서는 '지리 올림 책읽기 한마당'을 운영하고 있습니다. 서평 우수작에 시상하고, 우수작을 지도교사의 블로그

명예의 전당 게시판에 올려놓습니다. 다음 학기에 서평을 쓸 학생들이 참고하길 바라는 마음에서입니다.

처음 학생참여형 수업을 시도했을 때가 생각납니다. 그때 한편으로 '내가 이론적으로 너무 취약하니까, 이론을 공부하고 나서 시도하면 안 될까?'라는 비겁한 마음이 들기도 했습니다. 그때 시도하지 않았다면, 아마 지금도 학생참여형 수업에 대한 막연한 두려움에 시달리고 있을 것 같습니다.

'선(先) 실천, 후(後) 이해'

먼저 시도해 보고, 부족한 부분은 그때 가서 공부하면 됩니다. 지금 시도하지 않으면 어쩌면 기회가 없을 수도 있습니다. 교사인 내가 앞으로 살아갈 날 중 지금이 가장 젊은 시절 아닌가요? 수업도 공연입니다. 공연장에서는 늘 박수가 가득합니다. 돈을 내고 듣는 강연장에서도 마찬가지입니다. 선생님들의 수업 시간은 어떤가요? 1년에 몇 번이나 수업이 끝나면 학생들이 손뼉을 쳐 주나요?

"선생님 수업을 들으면 영감이 떠올라요."

학생들의 이러한 칭찬을 듣는 날이면 어깨가 들썩거립니다. 어차피 교사도 사람입니다. 이 직업이 정말 나에게 맞나 의문이 들 때에도, 학생들의 이런 칭찬을 떠올리면서 다시 한번 최선을 다하리라 마음을 다잡습니다. 우리는 선생님이 아닌가요?

강대일·정창규 공저, 2018, 과정중심평가란 무엇인가, 에듀니티.

강원국, 2014, 대통령의 글쓰기, 메디치미디어.

강원토론교육회, 2018, 말랑말랑 그림책 독서토론, 단비.

개리 폴러, T.M. 레데콥 저, 윤승희 역, 2017, 너무 맛있어서 잠 못 드는 세계지리, 생각의길.

경기도 중등독서토론교육연구회 저, 2014, 함께 읽기는 힘이 세다, 서해문집.

경기도 중등독서토론교육연구회 저, 2018, 함께 읽기는 힘이 세다2, 서해문집.

구동회·이정록·노혜정·임수진 공저, 2010, 세계의 분쟁: 지도로 보는 지구촌의 분쟁과 갈등, 푸른길.

김난도·이준영·이향은·전미영·김서영·최지혜·서유현·이수진, 공저, 2017, 트렌드 코리아 2018, 미래의 창.

김난도·이수진·서유현·최지혜·김서영·전미영·이향은·이준영·권정윤 공저, 2018, 트렌드 코리아 2019, 미래의 창.

김덕년, 2017, 교육과정-수업-평가-기록의 일체화, 에듀니티.

김덕년·강민서·박병두·김진영·최우성·연현정·전소영 공저, 2018, 과정중심평가, 교육과실천.

김민성, 2013, 교사들이 인지하는 고등학생들의 한국지리 오개념, 대한지리학회지, 48(3), 482-496.

김이재, 2015, 내가 행복한 곳으로 가라, 샘터.

김재명, 2015, 오늘의 세계 분쟁, 푸른길.

김정선, 2017, 소설의 첫 문장, 유유.

김주환·구본희·이정요·송동철 공저, 2018, 중학생과 교실에서 책 읽기 한 학기 한 권 읽기 어떻게 할까?, 북멘토.

김해식, 2011, 글쓰기 특강, 파라북스.

김현섭, 2017, 철학이 살아있는 수업기술, 수업디자인연구소.

데이브 버제스 저, 강순이 역, 2013, 무엇이 수업에 몰입하게 하는가, 토트출판사.

데이비드 머레이 저, 이경식 역, 2011, 바로잉, 흐름출판.

데이지 크리스토둘루 저, 김승호 역, 2018, 아무도 의심하지 않는 7가지 교육 미신, 페이퍼로드.

리처드 필립스·제니퍼 존스 공저, 박경환·윤희주·김나리·서태동 역, 2015, 지리 답사란 무엇인가, 푸른길.

마강래, 2017, 지방도시 살생부, 개마고원.

문요한, 2016, 여행하는 인간, 해냄.

박남기, 2017, 최고의 교수법, 쌤앤파커스.

박대훈·최지선 공저, 2015, 사방팔방 지식특강, 휴먼큐브.

박상익, 2018, 번역청을 설립하라, 유유

박현숙·이경숙 공저, 2014, 어! 교육과정? 아하! 교육과정 재구성!, 맘에드림.

박혜미·조상희 공저, 2018, 토론의 전사7 – 그림책, 청소년을 만나다, 한결하늘.

배상복, 2017, 문장기술, MBC씨앤아이.

서동석·남경운·박미경·서은지·이경은·전경아·조윤성 공저, 2016, 교사들이 함께 성장하는 수업, 맘에드
      림.

서태동·하경환·이나리 공저, 2018, 지리 창문을 열면, 푸른길.

석금호, 2002, 타이포그라픽 디자인, 미진사.

송승훈, 2019, 나의 책 읽기 수업, 나무연필.

송승훈·하고운·김진영·임영환·김현민·김영란 공저, 2018, 한 학기 한 권 읽기, 서해문집.

심대현·강양희·최선순·이홍배·백금자·한창호·강이욱·이형빈·유동걸 공저, 2016, 질문이 있는 교실 실천
      편, 한결하늘.

아라이 노리코 저, 김정환 역, 2018, 대학에 가는 AI VS 교과서를 못 읽는 아이들, 해냄.

안드레아 울프 저, 양병찬 역, 2016, 자연의 발명, 생각의힘.

양경윤, 2016, 교실이 살아 있는 질문 수업, 즐거운 학교.

엔리코 모레티 저, 송철복 역, 2014, 직업의 지리학, 김영사.

유동걸, 2015, 질문이 있는 교실, 한결하늘.

유발 하라리 저, 전병근 역, 2018, 21세기를 위한 21가지 제언, 김영사.

유발 하라리 저, 조현욱 역, 2015, 사피엔스, 김영사.

유현준, 2015, 도시는 무엇으로 사는가, 을유문화사.

이명석·이윤희 공저, 2016, 꼬물꼬물 지도로 새 학교를 찾아라, 너머학교.

이명섭·김학미·이윤진·정윤리·최미현·고은정·고민성 공저, 2017, 교육과정–수업–평가–기록 일체화 실
      천편, 에듀니티.

이어령·정형모 공저, 2016, 이어령의 지(知)의 최전선, 아르테.

이정록·송예나·박종천·장문현·조정규·추명희 공저, 2016, 세계 분쟁 지역의 이해, 푸른길.

이종원, 2007, 지리학의 대중적 인식을 높이기 위한 노력: 내셔널지오그래픽의 지리 교육 캠페인을 중심으로,
      한국지리환경교육학회지, 15(1), 37–49.

이창숙, 2015, 귀에 쏙쏙 들어오는 국제 분쟁 이야기, 사계절.

이형빈, 2015, 교육과정-수업-평가 어떻게 혁신할 것인가, 맘에드림.

이혜정, 2014, 서울대에서는 누가 A+를 받는가, 다산에듀.

이혜정, 2017, 대한민국의 시험, 다산4.0.

인나미 아쓰시 저, 장은주 역, 2017, 1만권 독서법, 위즈덤하우스.

임은진·한동균·김원예·서지연·조경철 공저, 2018, 사회과 활동중심 수업과 과정중심평가, 교육과학사.

조영태, 2016, 정해진 미래, 북스톤.

조한별, 2016, 세인트존스의 고전 100권 공부법, 바다출판사.

주경식, 2017, 나의 장소이야기1, 교학사.

천정은, 2017, 당신의 교육과정-수업-평가를 응원합니다, 맘에드림.

카마인 갈로 저, 김태훈 역, 2010, 스티브 잡스 프레젠테이션의 비밀, 랜덤하우스.

켄 제닝스 저, 유한원 역, 2013, 맵헤드, 글항아리.

테즈카 아케미, 2017, 세계 나라 사전, 사계절.

파크 파머 저, 이종인·이은정 역, 2012, 가르칠 수 있는 용기, 한문화.

한스 로슬링·올라 로슬링·안나 로슬링 뢴룬드 공저, 이창신 역, 2019, 팩트풀니스, 김영사.

헨리 뢰디거·마크 맥대니얼·피터 브라운 공저, 김아영 역, 2014, 어떻게 공부할 것인가, 와이즈베리.

Iain Hay eds, 2016, Qualitative Research Methods in Human Geography, Oxford Unversity Press.

John Medina, 2008, Brain Rules, Pear Press.

JTBC 〈말하는대로〉 2016년 11월 23일 방송.

MBC 〈선을 넘는 녀석들〉 2018년 3월 30일 방송.

tvN 〈알쓸신잡〉 2017년 6월 23일 방송.

류재명 교수님 블로그 글: http://blog.naver.com/jamongryu/221121207061